"985 工程"
现代冶金与材料过程工程科技创新平台资助

"十二五"国家重点图书出版规划项目

现代冶金与材料过程工程丛书

铜的氧气底吹熔炼

崔志祥　申殿邦　张廷安　等　著

科学出版社

北　京

内 容 简 介

铜的氧气底吹熔炼是具有我国知识产权的炼铜技术，由于其具有原料适应性强、熔炼速度快、无燃料消耗和设备产能大等特点，备受国内外业界人士的关注。本书以山东方圆有色金属集团的氧气底吹熔炼过程为例，首次系统地阐述了铜的氧气底吹熔炼原理、工艺、装备，过程模拟仿真和控制，运行与操作等。

本书可供高等院校铜冶炼专业的大学生、研究生、教师及相关领域的工程技术人员阅读和参考。

图书在版编目（CIP）数据

铜的氧气底吹熔炼/崔志祥等著. —北京：科学出版社，2017

（现代冶金与材料过程工程丛书/赫冀成主编）

"十二五"国家重点图书出版规划项目

ISBN 978-7-03-056225-8

Ⅰ. 铜… Ⅱ. 崔… Ⅲ. 氧气底吹转炉–炼铜 Ⅳ. ①TF748.21 ②TF811

中国版本图书馆 CIP 数据核字（2017）第 323912 号

责任编辑：张淑晓 孙静惠/责任校对：王 瑞
责任印制：肖 兴/封面设计：蓝正设计

科 学 出 版 社 出版

北京东黄城根北街 16 号
邮政编码：100717
http://www.sciencep.com

中国科学院印刷厂 印刷

科学出版社发行 各地新华书店经销

*

2017 年 12 月第 一 版 开本：720×1000 1/16
2017 年 12 月第一次印刷 印张：13 3/4
字数：278 000

定价：98.00 元

（如有印装质量问题，我社负责调换）

《现代冶金与材料过程工程丛书》编委会

《现代冶金与材料过程工程丛书》序

　　21 世纪世界冶金与材料工业主要面临两大任务：一是开发新一代钢铁材料、高性能有色金属材料及高效低成本的生产工艺技术，以满足新时期相关产业对金属材料性能的要求；二是要最大限度地降低冶金生产过程的资源和能源消耗，减少环境负荷，实现冶金工业的可持续发展。冶金与材料工业是我国发展最迅速的基础工业，钢铁和有色金属冶金工业承载着我国节能减排的重要任务。当前，世界冶金工业正向着高效、低耗、优质和生态化的方向发展。超级钢和超级铝等更高性能的金属材料产品不断涌现，传统的工艺技术不断被完善和更新，铁水炉外处理、连铸技术已经普及，直接还原、近终形连铸、电磁冶金、高温高压溶出、新型阴极结构电解槽等已经开始在工业生产上获得不同程度的应用。工业生态化的客观要求，特别是信息和控制理论与技术的发展及其与过程工业的不断融合，促使冶金与材料过程工程的理论、技术与装备迅速发展。

　　《现代冶金与材料过程工程丛书》是东北大学在国家"985 工程"科技创新平台的支持下，在冶金与材料领域科学前沿探索和工程技术研发成果的积累和结晶。丛书围绕冶金过程工程，以节能减排为导向，内容涉及钢铁冶金、有色金属冶金、材料加工、冶金工业生态和冶金材料等学科和领域，提出了计算冶金、自蔓延冶金、特殊冶金、电磁冶金等新概念、新方法和新技术。丛书的大部分研究得到了科学技术部"973"、"863"项目，国家自然科学基金重点和面上项目的资助（仅国家自然科学基金项目就达近百项）。特别是在"985 工程"二期建设过程中，得到 1.3 亿元人民币的重点支持，科研经费逾 5 亿元人民币。获得省部级科技成果奖 70 多项，其中国家级奖励 9 项；取得国家发明专利 100 多项。这些科研成果成为丛书编撰和出版的学术思想之源和基本素材之库。

　　以研发新一代钢铁材料及高效低成本的生产工艺技术为中心任务，王国栋院士率领的创新团队在普碳超级钢、高等级汽车板材以及大型轧机控轧控冷技术等方面取得突破，成果令世人瞩目，为宝钢、首钢和攀钢的技术进步做出了积极的贡献。例如，在低碳铁素体/珠光体钢的超细晶强韧化与控制技术研究过程中，提出适度细晶化（3～5μm）与相变强化相结合的强化方式，开辟了新一代钢铁材料生产的新途径。首次在现有工业条件下用 200MPa 级普碳钢生产出 400MPa 级超级钢，在保证韧性前提下实现了屈服强度翻番。在研究奥氏体再结晶行为时，引入时间轴概念，明确提出低碳钢在变形后短时间内存在奥氏体未在结晶区的现象，为低碳钢的控制轧制提供了理论依据；建立了有关低碳钢应变诱导相变研究的系统而严密的实验方法，解决了低碳钢高温变形后的组织固定问题。适当控制终轧温度和压下量分配，通过控制轧后冷却和卷取温度，利用普通低碳钢生产出铁素体晶粒为 $3\sim5\mu m$、屈服强度大于 400MPa，具有良好综合性能的超级钢，并成功地应用于汽车工业，该成果获得 2004 年国家科学技术进步奖一等奖。

宝钢高等级汽车板品种、生产及使用技术的研究形成了系列关键技术（如超低碳、氮和氧的冶炼控制等），取得专利 43 项（含发明专利 13 项）。自主开发了 183 个牌号的新产品，在国内首次实现高强度 IF 钢、各向同性钢、热镀锌双相钢和冷轧相变诱发塑性钢的生产。编制了我国汽车板标准体系框架和一批相关的技术标准，引领了我国汽车板业的发展。通过对用户使用技术的研究，与下游汽车厂形成了紧密合作和快速响应的技术链。项目运行期间，替代了至少 50%的进口材料，年均创利润近 15 亿元人民币，年创外汇 600 余万美元。该技术改善了我国冶金行业的产品结构并结束了国外汽车板对国内市场的垄断，获得 2005 年国家科学技术进步奖一等奖。

提高 C-Mn 钢综合性能的微观组织控制与制造技术的研究以普碳钢和碳锰钢为对象，基于晶粒适度细化和复合强化的技术思路，开发出综合性能优良的 400～500MPa 级节约型钢材。解决了过去采用低温轧制路线生产细晶粒钢时，生产节奏慢、事故率高、产品屈强比高以及厚规格产品组织不均匀等技术难题，获得 10 项发明专利授权，形成工艺、设备、产品一体化的成套技术。该成果在钢铁生产企业得到大规模推广应用，采用该技术生产的节约型钢材产量到 2005 年年底超过 400 万 t，到 2006 年年底，国内采用该技术生产低成本高性能钢材累计产量超过 500 万 t。开发的产品用于制造卡车车轮、大梁、横臂及建筑和桥梁等结构件。由于节省了合金元素、降低了成本、减少了能源资源消耗，其社会效益巨大。该成果获 2007 年国家技术发明奖二等奖。

首钢 3500mm 中厚板轧机核心轧制技术和关键设备研制，以首钢 3500mm 中厚板轧机工程为对象，开发和集成了中厚板生产急需的高精度厚度控制技术、TMCP技术、控制冷却技术、平面形状控制技术、板凸度和板形控制技术、组织性能预测与控制技术、人工智能应用技术、中厚板厂全厂自动化与计算机控制技术等一系列具有自主知识产权的关键技术，建立了以 3500mm 强力中厚板轧机和加速冷却设备为核心的整条国产化的中厚板生产线，实现了中厚板轧制技术和重大装备的集成和集成基础上的创新，从而实现了我国轧制技术各个品种之间的全面、协调、可持续发展以及我国中厚板轧机的全面现代化。该成果已经推广到国内 20 余家中厚板企业，为我国中厚板轧机的改造和现代化做出了贡献，创造了巨大的经济效益和社会效益。该成果获 2005 年国家科学技术进步奖二等奖。

在国产 1450mm 热连轧关键技术及设备的研究与应用过程中，独立自主开发的热连轧自动化控制系统集成技术，实现了热连轧各子系统多种控制器的无隙衔接。特别是在层流冷却控制方面，利用有限元紊流分析方法，研发出带钢宽度方向温度均匀的层冷装置。利用自主开发的冷却过程仿真软件包，确定了多种冷却工艺制度。在终轧和卷取温度控制的基础之上，增加了冷却路径控制方法，提高了控冷能力，生产出了×75管线钢和具有世界先进水平的厚规格超细晶粒钢。经过多年的潜心研究和持续不断的工程实践，将攀钢国产第一代1450mm热连轧机组改造成具有当代国际先进水平的热连轧生产线，经济效益极其显著，提高了国内热连轧技术与装备研发水平和能力，是传统产业技术改造的成功典范。该成果获2006年国家科学技术进步奖二等奖。

以铁水为主原料生产不锈钢的新技术的研发也是值得一提的技术闪光点。该成果建立了K-OBM-S冶炼不锈钢的数学模型，提出了铁素体不锈钢脱碳、脱氮的机理和方法，开发了等轴晶控制技术。同时，开发了K-OBM-S转炉长寿命技术、高质量超纯铁素体不锈钢的生产技术、无氩冶炼工艺技术和连铸机快速转换技术等关键技术。实现了原料结构、生产效率、品种质量和生产成本的重大突破。主要技术经济指标国际领先，整体技术达到国际先进水平。K-OBM-S平均冶炼周期为53min，炉龄最高达到703次，铬钢比例达到58.9%，不锈钢的生产成本降低10%~15%。该生产线成功地解决了我国不锈钢快速发展的关键问题——不锈钢废钢和镍资源短缺，开发了以碳氮含量小于120ppm的409L为代表的一系列超纯铁素体不锈钢品种，产品进入我国车辆、家电、造币领域，并打入欧美市场。该成果获得2006年国家科学技术进步奖二等奖。

以生产高性能有色金属材料和研发高效低成本生产工艺技术为中心任务，先后研发了高合金化铝合金预拉伸板技术、大尺寸泡沫铝生产技术等，并取得显著进展。高合金化铝合金预拉伸板是我国大飞机等重大发展计划的关键材料，由于合金含量高，液固相线温度宽，铸锭尺寸大，铸造内应力高，所以极易开裂，这是制约该类合金发展的瓶颈，也是世界铝合金发展的前沿问题。与发达国家采用的技术方案不同，该高合金化铝合金预拉伸板技术利用低频电磁场的强贯穿能力，改变了结晶器内熔体的流场，显著地改变了温度场，使液穴深度明显变浅，铸造内应力大幅度降低，同时凝固组织显著细化，合金元素宏观偏析得到改善，铸锭抵抗裂纹的能力显著增强。为我国高合金化大尺寸铸锭的制备提供了高效、经济的新技术，已投入工业生产，为国防某工程提供了高质量的铸锭。该成果作为"铝资源高效利用与高性能铝材制备的理论与技术"的一部分获得了2007年的国家科学技术进步奖一等奖。大尺寸泡沫铝板材制备工艺技术是以共晶铝硅合金（含硅12.5%）为原料制造大尺寸泡沫铝材料，以A356铝合金（含硅7%）为原料制造泡沫铝材料，以工业纯铝为原料制造高韧性泡沫铝材料的工艺和技术。研究了泡沫铝材料制造过程中泡沫体的凝固机制以及生产气孔均匀、孔壁完整光滑、无裂纹泡沫铝产品的工艺条件；研究了控制泡沫铝材料密度和孔径的方法；研究了无泡层形成原因和抑制措施；研究了泡沫铝大块体中裂纹与大空腔产生原因和控制方法；研究了泡沫铝材料的性能及其影响因素等。泡沫铝材料在国防军工、轨道车辆、航空航天和城市基础建设方面具有十分重要的作用，预计国内市场年需求量在 20 万 t 以上，产值 100 亿元人民币，该成果获 2008 年辽宁省技术发明奖一等奖。

围绕最大限度地降低冶金生产过程中资源和能源的消耗，减少环境负荷，实现冶金工业的可持续发展的任务，先后研发了新型阴极结构电解槽技术、惰性阳极和低温铝电解技术和大规模低成本消纳赤泥技术。例如，冯乃祥教授的新型阴极结构电解槽的技术发明于 2008 年 9 月在重庆天泰铝业公司试验成功，并通过中国有色工业协会鉴定，节能效果显著，达到国际领先水平，被业内誉为"革命性的技术进步"。该技术已广泛应用于国内 80%以上的电解铝厂，并获得"国家自然科学基金重点项目"和"国家高技术研究发展计划（'863'计划）重点项目"支持，该技术作为国家发展和改革委员会"高技术产业化重大专项示范工程"已在华东铝业实施 3 年，实现了系列化生产，槽平均电压为 3.72V，直流电耗 12082kW·h/t Al，吨铝平均节电 1123kW·h。目前，新型阴极结构电解槽的国际推广工作正在进行中。初步估计，在 4～5 年内，全国所有电解铝厂都能将现有电解槽改为新型电解槽，届时全国电解铝厂一年的节电量将超过我国大型水电站——葛洲坝水电站一年的发电量。

在工业生态学研究方面，陆钟武院士是我国最早开始研究的著名学者之一，因其在工业生态学领域的突出贡献获得国家光华工程大奖。他的著作《穿越"环境高山"——工业生态学研究》和《工业生态学概论》，集中反映了这些年来陆钟武院士及其科研团队在工业生态学方面的研究成果。在煤与废塑料共焦化、工业物质循环理论等方面取得长足发展；在废塑料焦化处理、新型球团竖炉与煤高温气化、高温贫氧燃烧一体化系统等方面获多项国家发明专利。

依据热力学第一、第二定律，提出钢铁企业燃料（气）系统结构优化，以及"按质用气、热值对口、梯级利用"的科学用能策略，最大限度地提高了煤气资源的能源效率、环境效率及其对企业节能减排的贡献率；确定了宝钢焦炉、高炉、转炉三种煤气资源的最佳回收利用方式和优先使用顺序，对煤气、氧气、蒸气、水等能源介质实施无人化操作、集中管控和经济运行；研究并计算了转炉煤气回收的极限值，转炉煤气的热值、回收量和转炉工序能耗均达到国际先进水平；在国内首先利用低热值纯高炉煤气进行燃气-蒸气联合循环发电。高炉煤气、焦炉煤气实现近"零"排放，为宝钢创建国家环境友好企业做出重要贡献。作为主要参与单位开发的钢铁企业副产煤气利用与减排综合技术获得了 2008 年国家科学技术进步奖二等奖。

另外，围绕冶金材料和新技术的研发及节能减排两大中心任务，在电渣冶金、电磁冶金、自蔓延冶金、新型炉外原位脱硫等方面都取得了不同程度的突破和进展。基于钙化-碳化的大规模消纳拜耳赤泥的技术，有望攻克拜耳赤泥这一世界性难题；

钢焖渣水除疤循环及吸收二氧化碳技术及装备，使用钢渣循环水吸收多余二氧化碳，大大降低了钢铁工业二氧化碳的排放量。这些研究工作所取得的新方法、新工艺和新技术都会不同程度地体现在丛书中。

总体来讲，《现代冶金与材料过程工程丛书》集中展现了东北大学冶金与材料学科群体多年的学术研究成果，反映了冶金与材料工程最新的研究成果和学术思想。尤其是在"985 工程"二期建设过程中，东北大学材料与冶金学院承担了国家Ⅰ类"现代冶金与材料过程工程科技创新平台"的建设任务，平台依托冶金工程和材料科学与工程两个国家一级重点学科、连轧过程与控制国家重点实验室、材料电磁过程教育部重点实验室、材料微结构控制教育部重点实验室、多金属共生矿生态化利用教育部重点实验室、材料先进制备技术教育部工程研究中心、特殊钢工艺与设备教育部工程研究中心、有色金属冶金过程教育部工程研究中心、国家环境与生态工业重点实验室等国家和省部级基地，通过学科方向汇聚了学科与基地的优秀人才，同时也为丛书的编撰提供了人力资源。丛书聘请中国工程院陆钟武院士和王国栋院士担任编委会学术顾问，国内知名学者担任编委，汇聚了优秀的作者队伍，其中有中国工程院院士、国务院学科评议组成员、国家杰出青年科学基金获得者、学科学术带头人等。在此，衷心感谢丛书的编委会成员、各位作者以及所有关心、支持和帮助编辑出版的同志们。

希望丛书的出版能起到积极的交流作用，能为广大冶金和材料科技工作者提供帮助。欢迎读者对丛书提出宝贵的意见和建议。

赫冀成　张廷安

2011 年 5 月

前　　言

现在世界上广泛应用的火法炼铜工艺都是造锍熔炼产出含铜 45%～73%的铜锍，然后在吹炼炉中进行铜锍吹炼，产出粗铜。各种不同的炼铜工艺，都是指不同的造锍熔炼过程，其分为闪速熔炼和熔池熔炼两大类。

铜的造锍熔炼过程从化学反应的角度看，实质上是氧化除硫、除铁和分离脉石及少量其他杂质的过程，都是以氧气（纯氧或富氧）作氧化剂，氧化矿物原料中易被氧化的元素，形成氧化物和熔剂造渣，或呈气态被除去。为了给反应物（氧气和矿料）创造有利的反应条件，就形成了各式各样的冶金炉，包括闪速熔炼炉和各种熔池熔炼炉。熔池熔炼炉又有立式的艾萨炉、奥斯麦特炉、氧气顶吹炉、瓦纽科夫炉，卧式的诺兰达炉、特尼恩特炉和三菱炉等。在各种各样的炉子中，流体的运动形式虽各有不同，但实质上可以分为两大类，即鼓泡式熔池熔炼和射流式熔池熔炼。从风口送入的富氧空气其出口线速度较低，修正的弗劳德数较小，这时气流实际上是以脉冲式喷入熔体中，属于气泡产生体系，为鼓泡式熔池熔炼。当喷嘴出口气体线速度较高，达到或者超过音速，修正的弗劳德数较高时，气体以连续稳定的流股状态喷入，称为射流，这样的熔池熔炼为射流式熔池熔炼。氧气底吹熔炼接近射流式熔池熔炼，属于射流式熔池熔炼范畴。

铜氧气底吹熔炼技术是一项具有中国自有知识产权的世界先进的粗铜熔炼工艺。该工艺于 2008 年首次在我国山东方圆有色金属集团建设的"氧气底吹熔炼多金属捕集技术"项目中得到产业化应用，2009 年被列入"十一五"国家科技支撑计划项目。建成以来的产业化试验表明：与其他熔池熔炼技术相比，该工艺可以很容易地处理其他工艺难以处理的铜杂矿，能源消耗低，可实现完全不配燃料的无碳自热熔炼，没有泡沫渣喷炉的风险，环保条件、劳动条件都比较优越。本书是对这一先进的粗铜熔炼工艺的理论与实践的总结。

本书共 9 章，第 1 章绪论，简单综述铜的底吹熔炼技术发展过程，分析底吹熔炼技术的优势与问题以及未来发展的方向；第 2 章论述氧气底吹造锍熔炼的基本原理；第 3 章和第 4 章分别介绍氧气底吹熔铜工艺和底吹炉的结构与生产操作；第 5 章计算氧气底吹熔炼过程的物料平衡与热平衡；第 6 章介绍底吹熔炼过程的数字化控制；第 7 章采用物理数值模拟手段模拟分析底吹熔炼过程；第 8 章比较分析底吹熔炼过程的技术经济指标；第 9 章是对铜的氧气底吹熔炼技术的改进与未来发展方向的展望。

本书是第一本系统介绍铜底吹熔炼技术的专著，也是我国铜底吹熔炼技术生产实践和理论分析的系统总结，可供高等院校铜冶炼专业的大学生、研究生、教师及相关领域的工程技术人员阅读和参考。

本书由昆士兰大学和东北大学冶金学院崔志祥教授（兼职），原沈阳冶炼厂总工程师、东北大学申殿邦教授（兼职），东北大学张廷安教授联合撰写。参加撰写的人员还有山东方圆有色金属集团边瑞民、王智、郑军涛、杜武钏、卢德珍，东北大学刘燕、王艳秀、王东兴、张子木，中南大学闫宏杰。具体分工如下：第 1 章由申殿邦、张廷安撰写，第 2 章由申殿邦、刘燕撰写，第 3 章由刘燕、郑军涛、王艳秀撰写，第 4 章由崔志祥、郑军涛、杜武钏、王东兴撰写，第 5 章由杜武钏、王艳秀撰写，第 6 章由卢德珍、张子木撰写，第 7 章由闫宏杰、张子木、王东兴撰写，第 8 章由边瑞民撰写，第 9 章由王智、申殿邦、崔志祥撰写。山东方圆有色金属集团的边瑞民对书稿进行了认真修改，书稿最终由张廷安审定。

由于作者水平有限，书中不妥之处在所难免，敬请读者批评指正。

感谢国家自然科学基金委员会给予的支持（项目编号：51074047）。

作 者
2017 年 11 月

目　　录

第1章 绪 论

1.1 世界铜冶炼发展简史

早在公元前 5000 年，就已经有人类处理铜氧化矿的记载，公元前 3000 年就有处理铜硫化矿的记载。我国 4000 多年前的炼铜技术，在当时已是世界先进水平[1]。2010 年在世界著名的炼铜企业——智利 Codelco 公司制作的广告图中，简要明了地描述了世界铜业发展史（图 1-1）。

Codelco 公司将氧气底吹炼铜工艺列为第四代铜熔池熔炼新技术，其工艺如图 1-2 所示。

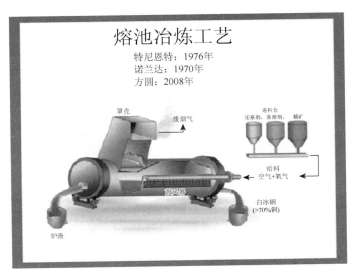

图 1-2　方圆铜冶炼新工艺

1.2 铜的熔池熔炼

1.2.1 铜熔池熔炼的发展与应用

氧气底吹炼钢，早在 1967 年就有了工业化应用，并发展有顶吹、底吹和顶底

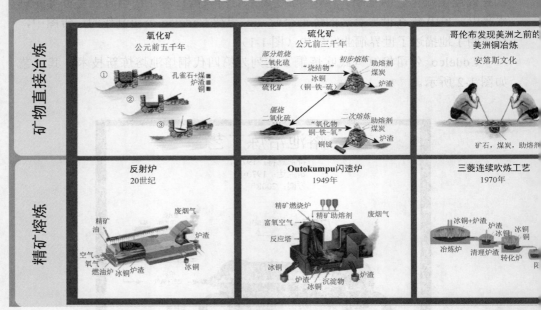

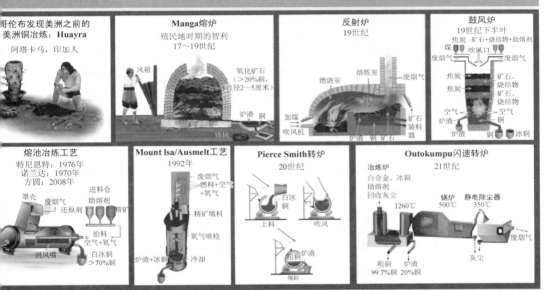

冶炼发展史

复合吹[2]。2001 年我国又创新实现了氧气底吹炼铅。但在 1973 年德国舒曼（Schuman）教授和美国的昆纽（Queneau）教授[3]联合做了小型实验室试验之后，氧气底吹炼铜再无相关报道。随后顶吹和侧吹炼铜技术都相继工业化，但氧气底吹炼铜仍无进展。可见氧气底吹炼铜有一定的难度。世界各国先后采用顶吹和侧吹熔池炼铜工艺的厂家及有关数据列于表 1-1。

表 1-1　采用熔池熔炼技术的厂家有关数据

类别	国别	厂名	始建时间	炉子规格/(m×m)	加料方式
侧吹	加拿大	霍恩厂	1973	ϕ 5.1×21.7	湿矿抛料机
诺兰达	澳大利亚	南方铜厂	1991	ϕ 4.5×18.5	湿矿抛料机
	中国	大冶厂	1998	ϕ 4.7×18	湿矿抛料机
特尼恩特	智利	奥尔托诺特	2001	ϕ 5.3×26.4	干矿喷吹
		卡列通 2 台	1987	ϕ 5×22	干矿喷吹
		丘基卡马塔	1990	ϕ 5×23	干矿喷吹
		波垂里罗斯	1985	ϕ 3.9×17	干矿喷吹
		拉斯温特纳斯	1984	ϕ 4×15	干矿喷吹
		维德拉利亚	1993	ϕ 3.9×15	干矿喷吹、渣精矿湿加
	秘鲁	爱罗	1995	ϕ 4.5×20.8	湿精矿
	墨西哥	拉卡瑞达	1997	ϕ 4.5×20	干矿喷吹
	赞比亚	恩卡那	1994	ϕ 4.5×18.5	
	泰国	拉茶	1994	ϕ 5×22	
瓦纽科夫	哈萨克斯坦	巴尔克什	八十年代末	2m(宽)×10m(长)×6m(高)	湿精矿
	俄罗斯	诺里尔斯克	九十年代	2m(宽)×10m(长)×6.5m(高)	湿精矿
				2m(宽)×18m(长)×6.4m(高)	
白银炉	中国	白银公司	1990	100m²	湿精矿
艾萨	澳大利亚	芒特艾萨	1987	ϕ 2.9m	湿精矿
	美国	塞浦路斯	1992	ϕ 4.3×13.6	湿精矿
	比利时	霍博肯	1997	ϕ 4.5×12	废杂铜
	印度	斯特莱体	1997	ϕ 3×9	湿精矿

续表

类别	国别	厂名	始建时间	炉子规格/(m×m)	加料方式
艾萨	中国	云南冶炼厂	2002	$\phi 4.4 \times 13$	湿精矿
	德国	多特蒙德	2002	—	废杂铜
	秘鲁	南秘鲁铜业	2006	—	湿精矿
	赞比亚	谦比希	2009	$\phi 3.66 \times 13.6$	湿精矿
奥斯麦特	津巴布韦	爱普雷斯	1993	$\phi 2 \times 4.8$	Cu-Ni 料
		宾达拉	1995	$\phi 2.7 \times 5.8$	Cu-Ni 料
	中国	中条山	1999	$\phi 4.4 \times 11.9$	
		铜陵	—	—	湿精矿
		大冶	2010	$\phi 5 \times 16$	
三菱法	日本	直岛	1974	$\phi 10.3m$	喷干料
	韩国	温山	1998	$\phi 10m$	喷干料
	印尼	格里斯克	1999	$\phi 10m$	喷干料
转炉喷精矿	日本	小名滨	1991	$\phi 4 \times 9$　4 台	喷干料
				$\phi 4 \times 11$　1 台	
	智利	奥尔托诺特	—	$\phi 3.96 \times 10.97$　3 台	喷干料
	加拿大	加斯佩	1998	$\phi 4.27 \times 16.15$　1 台	喷干料
				$\phi 3.96 \times 12.2$　2 台	

从表 1-1 可见，我国的炼铜企业先后采用了澳大利亚的顶吹艾萨/奥斯麦特工艺和加拿大的侧吹诺兰达工艺。

1.2.2　炼铜熔炼过程的技术对比

铜的熔炼可分为闪速熔炼和熔池熔炼。熔池熔炼根据炉体可分为立式炉和卧式炉两种。其中，立式炉包括：艾萨炉、奥斯麦特炉、瓦纽科夫炉、金峰炉及白银炉等；卧式炉主要包括：三菱炉、诺兰达炉、特尼恩特炉与底吹炉等。吹炼炉包括间断作业的 P-S 转炉，连续作业的三菱法双顶吹炉以及美国犹他州 Kennecott 冶炼厂的双闪炉。表 1-2 给出了氧气底吹、闪速熔炼、顶吹熔炼和诺兰达熔炼处理能力等方面的对比[4]。从表 1-2 可以看出，氧气底吹熔池熔炼具有烟尘率低，渣型（Fe/SiO₂）高，燃料率低，粗铜综合能耗低等特点。表 1-3 给出了应用底吹炼铜技术企业生产工艺的对比。

表 1-2　　不同炼铜技术的数据对比

项目	单位	氧气底吹	闪速熔炼	顶吹熔炼	诺兰达
处理能力	t/h	30～300	150～300	80～150	80～150
精矿处理方式		不干燥、不制粒	干燥、磨矿	一般制粒	不干燥、不制粒
富氧浓度	%	65～75	65～80	65～70	38～40
氧气压力	MPa	0.40～0.70	0.04～0.05	0.06～0.15	0.1～0.12
氧枪寿命	d/支	120～150	中央喷嘴	6～15	传统风口
出炉烟气 SO_2 浓度	%	25～30	30～38	20～25	17～20
烟尘率	%	1.5～2.0	6.0～8.0	3.0～4.0	2.5～4.0
熔炼渣含铜	%	2.0～3.5	1.0～2.0	0.7～1.0	4.0～6.0
渣型（Fe/SiO_2）		1.6～2.0	～1.2	1.1～1.4	1.5～1.8
渣率	%	55～60	65～70	65～70	55～60
渣处理方式		选矿	沉降电炉（+选矿）	沉降电炉（+选矿）	选矿
弃渣含铜	%	～0.3	～0.3	（选矿后～0.3）	～0.3
燃料率	%	0～0.5	1～2	2～5	2～3
粗铜综合能耗	kgce/t	120～150	160～200	180～200	～200

表 1-3　　不同企业氧气底吹炼铜的工艺条件对比

企业	越南生权	山东东营	山东恒邦	包头华鼎
投产时间	2008 年 1 月	2008 年 12 月	2010 年 4 月	2011 年 9 月
底吹炉大小/(m×m)	ϕ 3.1×11.5	ϕ 4.4×16.5	ϕ 4.4×16.5	ϕ 3.8×13.5
氧枪数量/支	4	11（9）	5	7（5）
加料量/(t/h)	7.28	70～100	42.59	50
精矿品位（Cu）/%	23～24	14～25	13～17	20～24
富氧浓度/%	65	≥73	70～75	70～75
鼓风压力/MPa	0.4	0.4～0.6	0.4～0.6	0.4～0.6
鼓风量/(Nm³/h)	1500～1800	18000	10000～12000	10000
铜锍品位/%	40～45	75～76	50～55	60～65
熔炼渣含铜/%	3.5～4	2.5	3.0	2.5
渣型（Fe/SiO_2）	1.69	1.6～2.0	1.8	1.8
熔池温度/℃	1180～1200	1150～1180	1180	1150
配煤率/%	3～5	0	0	0
烟尘率/%	2	1.5～2	2	2
选矿后弃渣含铜/%	0.40	0.30	0.28～0.3	0.30

1. 闪速炼铜法

世界上有 49 座用于炼铜的闪速炉，总产能达 50%以上。

优势：闪速炼铜法具有很高的熔炼强度，单系列产能可达 40 万 t/a 阳极铜；环保条件好，自动化程度高。

不足：原料适应性差，备料复杂；投资大；工艺流程长；冶炼能耗高。

2. 熔池熔炼技术的对比[5,6]

1）艾萨/奥斯麦特法

优势：原料适应性强；备料简单，可以直接处理湿料、块料及垃圾等；熔炼强度高，艾萨炉单台炉子精矿处理量达到 130 万 t/a。

不足：工艺控制较为困难，氧枪寿命短。

2）瓦纽科夫法

优势：富氧浓度高，为 40%～80%；烟气中 SO_2 含量高，约 40%；烟尘率低；原料适应性强，可以直接处理湿料、块料及垃圾等；贵金属回收率高；铜渣含量低，约 0.4%。

不足：单台炉子处理量低；为保护铜水套，循环水出水温度低以保证挂渣，造成热损大；炉体结构复杂。

3）三菱法

由四台炉子构成：熔炼炉、贫化炉、吹炼炉及阳极炉，是一种炉体位置由上至下，炉体之间由溜槽连接的连续炼铜方法。

优势：硫的捕集效率高，为 99%～99.5%；自动化程度高。

不足：厂房高，建筑成本高；弃渣含铜较高，为 0.6%～0.7%，金属回收率低。

4）氧气底吹炼铜法

氧气底吹熔池熔炼如图 1-3 所示。

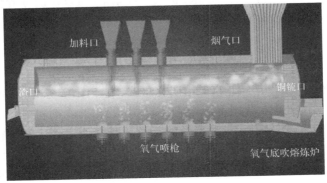

图 1-3　氧气底吹熔池熔炼示意图

氧气底吹炼铜的应用：

（1）越南生权老街大龙冶炼厂。

2008年1月投产，设计产能为1万t/a粗铜，氧气底吹炉大小为ϕ3.1m×11.5m，即将扩产到3万t/a粗铜。

（2）山东方圆有色金属集团一期工程。

2008年12月投产，设计产能为5万t/a粗铜，氧气底吹炉大小为ϕ4.4m×16.5m，已经扩产到10万t/a粗铜。

（3）山东恒邦股份有限公司底吹炉。

2010年4月投产，设计产能为5万t/a粗铜，氧气底吹炉大小为ϕ4.4m×16.5m，处理的精矿含铜在13%～17%。

（4）包头华鼎铜业发展有限公司。

2011年9月投产，设计产能为3万t/a粗铜，氧气底吹炉大小为ϕ3.8m×13.5m，已经扩产到6万～7万t/a粗铜。

（5）河南中原黄金冶炼厂有限责任公司。

2015年6月投产，年处理铜金精矿150万t，氧气底吹炉大小为ϕ5.8m×30m，是世界上最大的氧气底吹炉。

1.2.3　炼铜吹炼过程的技术对比

现阶段主要采用P-S转炉吹炼冰铜，此外还有三菱法的连续熔炼与吹炼以及美国犹他州Kennecott冶炼厂的闪速熔炼与吹炼（双闪）。P-S吹炼过程由于其为间断作业且密封性差，导致烟气中SO_2低空逸散，操作环境差；且烟气量大，不利于后续制酸。三菱法采用顶吹炉熔炼，电炉沉降、贫化，再利用顶吹炉连续将铜锍吹炼至粗铜。双闪采用闪速熔炼，产生的炉渣经选矿贫化处理后堆弃，铜锍经水淬，干燥，磨矿后再闪速吹炼至粗铜；其生产能力大，环保性好，烟气量小且自动化程度高，SO_2浓度高且稳定，利于后续制酸。但其工序繁杂，难以保证每道工序资源100%的回收率，且水淬的热量损失高，额外增加人工及动力消耗，造成成本增加。

1.3　氧气底吹炼铜工艺的半工业试验

1989～1990年上半年，北京矿冶研究总院、水口山矿务局、湖南有色金属研究院就某金精矿的处理，分别用铜作捕收剂、用铅作捕收剂和焙烧-氰化三个方案进行了小型实验室试验，并由北京有色冶金设计研究总院对三个方案进行了评价。

1990年7月水口山矿务局在充分论证和多次小型试验的基础上，利用原氧气底吹炼铅半工业试验装置，将金精矿与铜精矿合理配料，进行了为期10天的"造锍捕金"扩大试验[7, 8]，效果良好。

1991 年 3 月至 6 月，水口山矿务局进行了三个月的"造锍捕金"第一次半工业试验。1991 年 11 月至 1992 年 6 月又进行了第二次历时 217 天的半工业试验，这次试验期间分 5 个阶段共处理铜精矿 3609t，金精矿 1496t，投入铜量 822t，金54.6kg，银 1332kg，工业氧量 1733t，空气 955t，总氧量 1956t。产出含金铜锍 1969t，炉渣 2447t，各阶段的试验数据见表 1-4。烟气量与成分见表 1-5。

表 1-4　实验中各阶段试验数据

项目	单位	1	2	3	4	5
实验历时	d	21	6.3	47	54	38
原料名称		铜精矿 金精矿	铜精矿 金精矿	铜精矿 金精矿	铜精矿	铜精矿 金精矿
混合矿成分						
Cu	%	9.47	11.04	10.84	19.99	15.44
As	%	2.45	3.45	2.17	3.04	2.30
Au	g/t	3.4	4.02	17.8	2.1	15.3
Ag	g/t	138	158	194	302	228
入炉矿量	t	918.6	236.9	1736	1730.7	1137
加料速度	t/h	1.8	1.56	1.54	1.33	1.22
铜锍产率	%	25.2	28.2	32.9	37.9	39.2
铜锍成分						
Cu	%	34.62	36.74	31.26	48.67	36.56
As	%	0.22	0.20	0.19	0.23	0.21
Au	g/t	13.2	13	45	5.3	36.4
Ag	g/t	520	516	532	769	526
炉渣产率	%	47.79	45.08	46.0	40.97	34.62
渣含铜	%	1.01	1.61	1.01	3.53	2.93
渣贫化方法		电热	电热	电热	选矿	选矿
渣 Fe/SiO_2 比		0.91	1.28	1.05	1.76	1.59
弃渣含铜	%	0.41			0.34	
砷挥发率	%	92.67	89.47	87.96	93.06	91.76
脱硫率	%	75.69	74.51	70.59	68.57	68.02
沉尘率	%	0.55		0.91	0.65	1.71
热电尘率	%	0.46	2.02	1.90	2.25	2.74
冷电尘率	%	3.24	2.16	1.78	3.47	2.82
氧浓	%	67	70	73	71	72
氧料比	Nm^3/t 矿	214	230	234	243	
配煤率	%	4.0	3.3	4.2	3.3	4.9

表 1-5　烟气量与成分表

测点	烟气量/(Nm³/h)	成分/%						
		SO₂	CO₂	O₂	N₂	SO₃	H₂O	As
炉口	1196	26	9.42	0.67	49.44	0.24	14.23	—
热电收尘出口	2312	13.46	4.87	10.48	63.7	0.12	7.36	22.43
冷电收尘出口	2742	11.3	4.11	11.25	66.7	0.10	8.92	0.39

半工业试验装置是一台外径 2234mm，长度 7890mm，容积 10m³ 的卧式回转炉，具有 4 支氧枪，试验炉的机械制图见图 1-4。

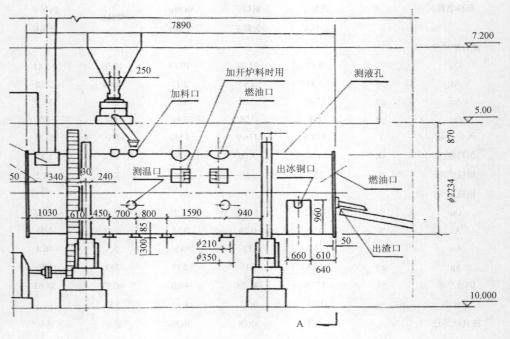

图 1-4　原半工业试验炉机械制图（mm）

1.4　氧气底吹炼铜工艺的产业化

2008 年，山东方圆有色金属集团（以下简称方圆集团）建成氧气底吹熔炼多金属捕集技术产业化示范工程，其中包括熔炼、吹炼、精炼、制酸、制氧、渣选矿等系统[9]。

方圆集团是一家民营企业，原来只有铜的精炼部分，利用粗铜和废杂铜为原料，在铜阳极炉精炼后铸成阳极板，再进行电解精炼，主要产品是电解铜。该工程于 2008 年完工，同年投料试生产。

　　氧气底吹熔炼多金属捕集技术的产业化生产表明，这是一项先进的工艺。与其他熔池熔炼技术相比，它可以很容易处理其他工艺难以处理的杂矿，能源消耗更低，实现了完全不配燃料的无碳自热熔炼，而且没有产生泡沫渣喷炉的风险，环保条件、劳动条件都比较优越，这是中国自己的知识产权技术。

参 考 文 献

[1] 周越先. 我国有色金属生产发展史话[J]. 中国物流与采购，1984，（5）：33.

[2] Fritz E，Gebert W. 氧气炼钢领域的里程碑和挑战[J]. 钢铁，2005，40（5）：79-82.

[3] 蒋继穆. 氧气底吹炼铜新工艺简介[C]. 中国国际铜业论坛暨 ICSG 中国铜市场研讨会，武汉，2009.

[4] 梁帅表，陈知若. 氧气底吹炼铜技术的应用与发展[J]. 有色冶金节能，2013，29（2）：16-19.

[5] 蒋继穆. 采用氧气底吹炉连续炼铜新工艺及其装置[J]. 中国金属通报，2008，（17）：29-31.

[6] 陈淑萍，伍赠玲，蓝碧波，等. 火法炼铜技术综述[J]. 铜业工程，2010，（4）：44-49.

[7] 徐盛明，张传福，赵天从. 水口山含金硫精矿的处理方案浅析[J]. 黄金，1993，14（7）：24-27.

[8] 崔志祥，申殿邦，李维群，等. "氧气底吹造锍捕金"新工艺应用前景[J]. 资源再生，2008，（9）：38-40.

[9] 潘斌. 东营方圆：科技进步铸辉煌——记东营方圆氧气底吹熔炼多金属捕集技术[J]. 中国有色金属，2012，（4）：40-47.

第 2 章 氧气底吹造锍熔炼的基本原理

造锍熔炼是火法炼铜的重要工序。该工艺是在 1150～1250℃的高温下，使硫化铜精矿和熔剂在熔炼炉内进行熔炼，炉料中的铜、硫与未氧化的硫化亚铁形成以 Cu_2S-FeS 为主，并熔有 Au、Ag 等贵金属和少量其他金属硫化物及微量铁氧化物的共熔体（铜锍），炉料中的 SiO_2、Al_2O_3 和 CaO 等脉石成分与 FeO 一起形成液态炉渣，炉渣是以铁橄榄石 $2FeO \cdot SiO_2$ 为主的氧化物熔体。铜锍与炉渣基本不互溶，且炉渣的密度比铜锍的密度小，从而能够分离。

目前，世界上铜冶炼厂使用的主要熔炼工艺为闪速熔炼和熔池熔炼两大类[1]。氧气底吹造锍熔炼属于熔池熔炼工艺，熔池熔炼炉包括顶吹的艾萨炉、奥斯麦特炉，侧吹的瓦纽科夫炉、诺兰达炉、特尼恩特炉等[2-5]。从冶金反应工程学的观点分析，这些熔池熔炼方法可以分为两种，即鼓泡式熔池熔炼和射流式熔池熔炼。富氧空气从喷嘴喷入熔池，当喷嘴出口气体线速度较低时，气流实际上是以间断气泡形式进入熔体中，为鼓泡式熔池熔炼；当喷嘴出口气体线速度较高，达到或超过音速时，气体是以连续稳定的流股状态进入熔体，称为射流，这样的熔池熔炼为射流式熔池熔炼[6]。

2.1 氧气底吹熔池熔炼过程的喷流

由于氧枪出口的气体线速度较高，接近音速，约为 280m/s（工况），在氧枪口附近修正的弗劳德数（Fr）为 214，根据喷流性质的区域划分如图 2-1 所示。

由图 2-1 可见，Fr 与 ρ_g/ρ_l 较小的气-液体系属于气泡产生体系，是脉冲式的鼓泡喷流；而 Fr 较高时，气流是稳流状态，压力稳定，不是脉冲式的喷流而是射流。氧气底吹熔炼是接近射流式熔炼，属于射流式熔池熔炼范畴。而其他熔池熔炼工艺都是鼓泡式熔池熔炼，如霍恩冶炼厂诺兰达炉熔炼过程的修正弗劳德数为 16.2，P-S 转炉为 17.4，智利的特尼恩特炉为 16.8，气泡的产生频率为 4～4.5Hz，艾萨熔炼炉的气泡产生频率为 2.3Hz，实测其氧枪出口的气流脉冲示意图如图 2-2 所示。

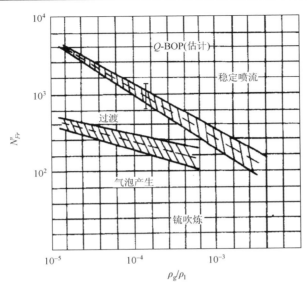

图 2-1　由 N_{Fr} 和 ρ_g/ρ_l 决定的喷流性质区域划分图

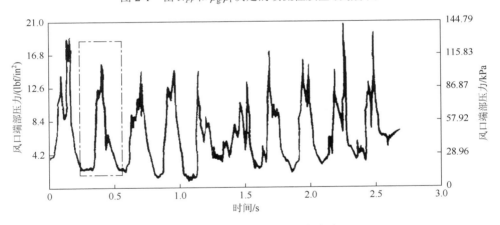

图 2-2　浸没式喷嘴口的气流脉冲

1 lbf $= 6.89476 \times 10^3$Pa；1 in $= 6.4516 \times 10^{-4}$m

底吹熔炼过程修正的弗劳德数计算参数与结果列于表 2-1。

表 2-1　修正的弗劳德数计算表

气体类别	气体出口直径/cm	气体出口速度/(m/s)	气体密度/(kg/m³)	熔体密度/(kg/m³)	计算结果
氧气	2.44	290	2.86	4700	213.9
空气	1.83	290	2.58	4700	257.3

由表 2-1 的数据和图 2-2 可见，氧气底吹炼铜过程中气体以非常接近射流的状态喷入熔体中。

2.2 卷流速度、平均循环速度、熔体搅动能量

在传统的炼铜过程中，用鼓风炉、反射炉进行造锍熔炼不存在卷流速度等，大多是静态扩散过程。实行强化熔炼以后，含氧气体送入熔体中，导致熔体激烈地搅动，连续送入的气流与加入的固体炉料颗粒和运动着的熔体之间进行着动量交换，影响着传热传质过程。因此，了解熔体的运动特性是十分必要的。

2.2.1 卷流速度

正如许多研究者指出的[7, 8]，在熔池熔炼过程中气体从风口鼓入熔体，在熔体中气流被熔体击散或割裂成许多气泡，气泡不均匀地分布在熔体中，这些气泡一边与熔体反应，一边上浮，并带动着熔体上浮，形成气-液混合相（或称乳浊液）的搅动。在炉内熔体的上部，由于连续地加料，又造成气-液-固三相浑浊液的剧烈搅动，加速了炉料的熔化、传热、传质过程，熔体中滞留的气体呈无序的运动状态，使熔体表面形成羽状卷流，这种卷流的强弱分布是否均匀，影响着熔炼强度、烟尘率和耐火材料的磨损程度、炉寿命、氧枪寿命等。卷流速度的数学表达式依据 Y. Shahu 和 R. I. L. Gotely 提出的每个喷嘴上方卷流速度 U_J 为

$$U_J = 4.4h^{\frac{1}{4}}V^{\frac{1}{3}} / R^{\frac{1}{3}} \tag{2-1}$$

式中：h——喷嘴浸没深度，m；

$\quad\quad V$——每个喷嘴的气体流量，Nm^3/s；

$\quad\quad R$——喷嘴的作用半径，取两个喷嘴间的中心距，m。

加拿大诺兰达公司的熔炼炉，按其有关参数计算，其卷流速度为 5.9m/s，方圆集团氧气底吹熔炼炉的卷流速度为 4.16m/s。

2.2.2 平均循环速度

平均循环速度表示熔体在熔池中的平均循环速度。它的数学表达式也是 Y. Shahu 和 R. I. L. Gotely 提出的，熔体平均循环速度 U_c 为

$$U_c = 0.18U_J / R^{\frac{1}{3}} \tag{2-2}$$

式中：U_J——熔体卷流速度，m/s；

$\quad\quad R$——喷嘴的作用半径，取两个喷嘴中心距离，m。

诺兰达公司的熔炼炉 U_c=1.93m/s，方圆集团的氧气底吹熔炼炉熔体平均循环速度为 0.86m/s。

2.2.3　熔体搅动能量

由于含氧气体以较高的速度鼓入熔体中，气-液相之间的反应、气泡的上浮、迅速的受热膨胀等会给熔体带来很大的搅动能量，此能量可用下式计算

$$W = 0.74QT \ln(1 + \rho_m h / P_a) \qquad (2\text{-}3)$$

式中：Q——送入熔体中的气体流量，Nm³/s；

　　　T——熔体温度，K；

　　　ρ_m——熔体密度，g/cm³；

　　　h——喷嘴浸没深度，cm；

　　　P_a——大气压力，atm（1atm=1.01325×10⁵Pa）。

诺兰达公司的诺兰达熔炼炉按上式计算，搅动能量为 8291kW，按每吨熔体为 21kW/t，氧气底吹炉的搅动能量每吨熔体是 8.9kW，是诺兰达熔炼的 42%。

J. Themelis 对钢铁和有色金属冶金炉的搅动能量进行了计算，计算的搅动能量和混匀时间以及熔池熔炼的气体喷入速度［m³/(min·t)］列于图 2-3，由图可见，有色熔池熔炼炉的搅动能量是比较高的。

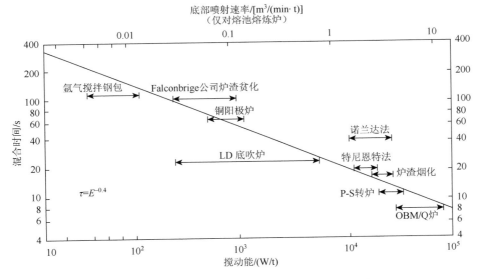

图 2-3　各种吹炼炉的搅动能量与搅动时间的比较

　　由于底吹熔炼的氧浓高,单位熔体送入的气体量比诺兰达工艺的侧吹熔炼少,其相关参数见表 2-2。

表 2-2　底吹熔炼参数表

序号	名称	单位	诺兰达熔炼工艺	底吹熔炼工艺
1	气体送入量	Nm^3/h	76500	15000
2	氧浓	%	37	73.6
3	炉内总容积	m^3	305	144
4	反应区容积	m^3	183	90
5	反应区熔体量	m^3	84	34.6
6	反应区熔体质量	t	378	142
7	每吨熔体送风量	$m^3/(t \cdot s)$	0.056	0.030
8	每吨熔体送氧量	$m^3/(t \cdot s)$	0.021	0.022

　　由表 2-2 可见,对于反应区每吨熔体单位时间的送风量,诺兰达炉是底吹炉的 1.87 倍。所以底吹炉的搅拌不像诺兰达炉那样剧烈。

　　由于诺兰达炉是侧吹,搅拌不均匀,据诺兰达公司的报道,用示踪元素测定,炉内熔体的三种流动状态见表 2-3。而底吹熔炼过程均处于良好的搅拌状态。二者的搅拌状态示于图 2-4。

表 2-3　诺兰达炉内熔体流动状况

区域	体积分数/%		
	单向流动	良好搅动	静止区
冰铜层	1	45	54
炉渣层	21	53	26

(a) 侧吹　　　　　　　　　　(b) 底吹

图 2-4　侧吹和底吹搅拌状态示意图

2.3　气泡的上浮速度和在熔体中的停留时间

加拿大霍恩冶炼厂的诺兰达炉鼓入的气体，在熔体中平均停留时间为 0.17s。风口浸没深度为 1m，气泡的平均上浮速度可以认为是 $v=1/0.17=5.88$m/s。

智利特尼恩特熔炼炉气泡在熔体中的上浮速度为 3.5m/s，原水口山的半工业试验底吹炉，每立方米熔体含有 0.33m³ 气体，霍恩厂诺兰达炉每立方米熔体含有 0.19m³ 气体，据此，气体在底吹炉熔体中停留时间为 0.3s。

半工业试验炉熔体深度为 0.8m，则上浮速度约为 2.67m/s。

工业规模的底吹炉，熔体深度 1.25m，气体上浮速度仍为 2.67m/s，则气体停留时间约为 0.47s。实际上气泡的上浮速度是变数，在初始阶段，其动力较大，熔体流动性很好，上浮速度较快，由于熔体阻力的作用，上浮速度迅速减慢，当浮力与阻力平衡时，其等速上升。这是第二阶段。继续上升接近液面时，熔体向四周流去，形成循环流动，气流上升时，携带的熔体体积为气流体积的 11/16[9, 10]。

可见对于鼓泡式熔池熔炼，鼓入熔体的气泡上浮速度较快，熔体中气体体积较小，按体积计约为 19%。而接近于射流式的底吹熔炼炉，气流上浮速度慢，且蕴含气体的体积较大，为 33%。如果将现行的底吹炉氧枪进行改造，使鼓入氧气达到超音速，使马赫数接近 1.5，则气泡体积更小，上浮速度更低，蕴含气体的熔体即"乳浊液"体积会更大。它将更有利于炉料的传热与传质，有利于反应的快速进行。

2.4　熔体呈强势的紊流状态

在熔池熔炼中顶吹（艾萨、奥斯麦特、三菱）和侧吹（诺兰达、特尼恩特、瓦纽科夫）均是吹渣层或含有铜锍的渣层，唯有底吹是完全的吹冰铜层。与吹渣层比较，吹铜锍层具有以下特点：

（1）渣含 Fe_3O_4 低，进入渣层的气体氧浓低，二氧化硫浓度高，不容易产生泡沫渣，为了防止喷炉，顶吹的艾萨、奥斯麦特、三菱法都必须配入适量的碎煤作还原剂，以减少四氧化三铁的生成，避免喷炉事故的发生。侧吹的熔池熔炼炉也要配入适量的煤。

（2）炉内熔体搅动状态好，雷诺数高，众所周知

$$Re = \frac{dv_{Ave}\rho}{\mu}$$

（2-4）

式中：v_{Ave}——流体的平均流速；

μ——熔体黏度，当吹渣时渣黏度约为 0.2kg/(m·s)，而吹铜锍时，其黏度为 0.004kg/(m·s)。

加拿大诺兰达公司对霍恩冶炼厂诺兰达炉内料粒颗粒对熔体的雷诺数算得为 560。相应的底吹熔炼炉内雷诺数则为 19680，是侧吹诺兰达炉的 35 倍。显然底吹炉内熔体有很好的紊流状态，对炉料的迅速熔化是极为有利的。

J. K. Brimacombe 等研究指出：传质容量系数随雷诺数的增大而增大。这表明它对熔炼过程的传质是有利的。

2.5　氧气底吹铜熔池熔炼过程的传热

熔池熔炼与传统熔炼传热过程最大的区别在于：传统熔炼方法是靠燃料燃烧产生的高温气体辐射给炉料表面，使其升温熔化、过热。而熔池熔炼主要是将炉料加热熔融后，将氧化剂（富氧空气）连续送入熔体，将熔体中的硫化物（主要是 FeS）氧化，反应放出的热量使炉内保持所需要的反应温度，并能维持热平衡。当反应热不足时，也要补加一定的固体燃料，在侧吹和顶吹过程中通常加 2%～5%。补加固体燃料煤时，还有减少磁性氧化铁生成，防止产生的泡沫渣发生喷炉事故的作用。

2.5.1　氧气底吹熔炼过程的放热特征

与侧吹、顶吹相比，底吹是用多支氧枪，每支氧枪又有许多小孔，所以气体是以很多微细的气流送入熔体的，气流又被熔体分割成许多小气泡，在每个气泡与熔体接触的界面进行氧化反应，同时也是一个放热点。

2.5.2　送风特征

侧吹和顶吹的氧气和空气先经过充分混匀后通过喷口送入炉内熔体中，底吹工艺用的氧气和空气比例是 1∶0.5，不预先经过混合，分别直接送入熔体中，纯氧气体与冰铜接触的反应则迅速激烈，放热速度很快，同时也省去了混氧装置。

2.5.3　传热特征

当通过风口送入气体使熔体强烈搅动时，热传递为强制传热过程，这时可用伦代思·马歇尔（Lowndes Marshal）提出的表示传热能力的努塞特数定量表达，数学表达式为

$$Nu = 2.0 + 0.6\left(Re^{\frac{1}{2}} + Pr^{\frac{1}{3}}\right) \qquad (2\text{-}5)$$

式中：Re——雷诺数，$Re = \dfrac{d\rho v}{\mu}$；

　　　d——料粒直径；

　　　ρ——熔体密度；

　　　v——熔体和颗粒之间的相对运动速度；

　　　μ——熔体黏度。

以熔池中熔体的平均循环流动速度作为料粒对熔体的平均相对速度，v 为 0.86m/s。

2.5.4　底吹与侧吹的雷诺数的比较

Re 表示流体流动状态的特征。Re 越大流体湍流越强烈，$Re < 2300$，是层流，$Re > 4000$ 时，流体呈湍流状态。

$$Re = \frac{d\rho v}{\mu}$$

式中：ρ——熔体密度，在底吹时吹的是冰铜，ρ 为 4800kg/m³；

　　　d——料粒直径 0.02m；

　　　v——流速，v 为 0.82m/s；

　　　μ——冰铜黏度，0.004kg/(m·s)。

代入得 $Re = 19680 > 4000$，是激烈的湍流，而侧吹的加拿大诺兰达炉 $Re = 560$，显然是层流。

对于熔体动态时底吹与侧吹熔炼的普朗特数，$Pr = \mu C_p / \lambda$，侧吹熔炼时 $Pr = \dfrac{0.2 \times 920}{10.6} = 17.4$，而底吹熔炼时 $Pr = \dfrac{0.004 \times 607}{8.82} = 0.3$。

2.5.5　熔体动态时传热计算结果

根据熔体动态时的传热计算，采用努塞特数

$$Nu = 2 + 0.6\left(20640^{\frac{1}{2}} + 0.3^{\frac{1}{3}}\right) = 88.6 \qquad (2\text{-}6)$$

将动态时计算采用的原始数据、计算结果、代表符号汇总列于表 2-4。

表 2-4　底吹熔炼原始数据、计算结果

名称	符号	单位	侧吹吹渣层	底吹吹冰铜层
原始数据				
密度	ρ	kg/m^3	2890	4800
黏度	μ	kg/(m·s)	0.2	0.004
比热容	C_p	J/(kg·K)	920	607
导热系数	λ	W/(m·℃)	10.6	8.82
颗粒直径	d	m	0.02	0.02
风口浸没深度	L	m	1.0	1.35
每支氧枪气体流量	V	Nm^3/s	0.4	0.463
风口作用半径	R	m	0.165	0.65
计算结果				
卷流速度	U_J	m/s	5.9	4.2
平均循环速度	U_R	m/s	1.93	0.87
普朗特数	Pr		17.4	0.3
雷诺数	Re		560	19680
努塞特数	Nu		36.7	88.6
			100	241

可见氧气底吹熔炼的传热能力是诺兰达侧吹的 2.4 倍。

2.6　底吹熔炼过程的传质

氧气底吹熔池熔炼过程的化学反应与其他炼铜工艺没有实质的区别。只是在熔池底部是熔融的铜锍层，氧气和空气通过氧枪以较高的流速，接近 300m/s（工况），以许多微细的气流送入熔体，二者随即进行激烈的氧化反应，边反应气泡边上升，气-液两相成分边发生变化，温度边升高。它的主要反应是：

$$\frac{3}{5}FeS + O_2 \longrightarrow \frac{1}{5}Fe_3O_4 + \frac{3}{5}SO_2 + 235.7kJ\ (1200℃) \tag{2-7}$$

$$\frac{2}{3}FeS + O_2 \longrightarrow \frac{2}{3}FeO + \frac{2}{3}SO_2 + 320MJ/kmol\ (1200℃) \tag{2-8}$$

$$6FeO + O_2 \longrightarrow 2Fe_3O_4 + 304.9kJ\ (1200℃) \tag{2-9}$$

极少量的硫化亚铜也会发生氧化反应：

$$\frac{2}{3}Cu_2S + O_2 \longrightarrow \frac{2}{3}Cu_2O + \frac{2}{3}SO_2 \tag{2-10}$$

$$Cu_2O + FeS \longrightarrow Cu_2S + FeO \qquad (2\text{-}11)$$

　　在底吹炉底部进行的反应类似铜锍吹炼的第一周期，不同的是 FeS 得到及时的补给，而 SiO_2 则几乎不存在，已生成的 Fe_3O_4 很难再被 FeS 还原。在吹炼造渣期，供氧速度是反应速率的限制环节，反应速率与 FeS 浓度没有明显关系。根据吹炼的实例数据，绘制的铜锍含铁与吹炼时间呈线性关系（图 2-5），当含铁量从 23.6%降至 6%时，直线的斜率（即反应速率）为常数，说明 FeS 的氧化速度与其浓度无关。

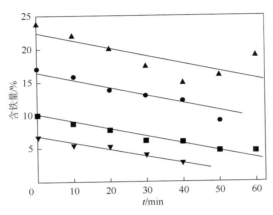

图 2-5　铜锍含铁量与反应时间的关系

　　在氧气底吹熔炼炉的下部 FeS 浓度基本上是稳定的，是连续吹炼的第一周期。

　　若以单位时间内熔体中 FeS 氧化产生的 SO_2 量表示反应速率，则氧的消耗速率可按下式求得

$$M = NA = RAP_m(\chi_1 - \chi_2) \qquad (2\text{-}12)$$

　　式中：M——单位时间氧化反应消耗的氧气量，mol/s；

　　　　　N——已经反应生成 SO_2 的硫量，mol/s；

　　　　　R——液-气界面上硫的传质系数，m/s；

　　　　　A——液-气界面总面积，m^2；

　　　　　P_m——铜锍密度，4700kg/m^3；

　　　　　χ_1——整个熔池内锍中硫的质量分数；

　　　　　χ_2——与氧平衡的铜锍中硫的质量分数。

　　取 R 值为 0.0002m/s，以方圆集团 $\phi 4.4m \times 16.5m$ 底吹炉生产计算 A 值，氧气量 11000m³/h，分 9 支氧枪通入，则 A 计算为 4620m²，铜锍密度为 4.7×10^3kg/m^3，χ_1 取 0.22，χ_2 取 0.20，得 M=86.856kg/s=60.8Nm³/s，而目前方圆集团底吹炉氧鼓入量大约只有 3.07Nm³/s。可见，熔池具有的传质能力存在相当大的潜力。

2.7　炉内存在不同的氧势区域

在现代的铜造锍熔炼炉中，通常没有明显的氧势强弱差别区域。而氧气底吹熔炼炉，氧气从下部的冰铜层吹入，随着上浮，氧不断地反应生成 SO_2。矿料是从上部连续地加入熔体表面。因而，在熔体下部的气相，氧浓比较高，SO_2 浓度比较低。随着气体在熔体中的不断上浮，氧浓逐渐降低，SO_2 浓度则逐渐升高，其浓度随熔体高度变化的关系如图 2-6 所示。可以把熔体分为上中下三部分或者上下两部分，即下部氧浓高，SO_2 浓度低，氧化气氛强；上部氧浓低，SO_2 浓度高，氧化气氛弱，甚至顶层具有还原性气氛。这就是底吹熔炼渣含铜较低，渣含 Fe_3O_4 也低，不配煤熔炼也不产生泡沫渣的原因。

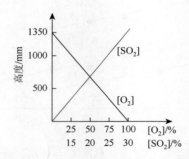

图 2-6　底吹炉内 SO_2 与 O_2 含量随熔体高度变化关系示意图

参 考 文 献

[1]　陈淑萍，伍赠玲，蓝碧波，等. 火法炼铜技术综述[J]. 铜业工程，2010，（4）：44-49.

[2]　全国重有色金属冶炼含砷危废处理及资源化综合利用研讨会论文集[C]. 北京：中国有色金属学会重冶金委会，2008：12-20.

[3]　肖纯. 铜造锍熔炼工艺的选择及发展方向[J]. 铜业工程，2006，（4）：32-36.

[4]　周松林. 祥光"双闪"铜冶炼工艺及生产实践[J]. 有色金属（冶炼部分），2009，（2）：11-15，20.

[5]　周松林. 闪速熔炼——清洁高效的炼铜工艺[J]. 中国工程科学，2001，3（10）：86-89.

[6]　朱祖泽，贺家齐. 现代铜冶金学[M]. 北京：科学出版社，2003.

[7]　王东兴，张廷安，刘燕，等. 氧气底吹造锍过程中气泡行为的水模实验[J]. 东北大学学报（自然科学版），2013，34（12）：1755-1758.

[8]　邵品，张廷安，刘燕，等. 底吹冰铜吹炼炉中气-液流动状况的数学模拟[J]. 东北大学学报（自然科学版），2012，33（9）：1303-1306，1318.

[9]　彭容秋. 铜冶金[M]. 长沙：中南大学出版社，2004.

[10]　达文波特 W G，金 M，施莱辛格 M，等. 铜冶炼技术[M]. 4 版. 杨吉春，董方，译. 北京：化学工业出版社，2006.

第3章　氧气底吹炼铜工艺

3.1　工　艺　流　程

现以方圆集团底吹炉熔炼系统为例，简要说明氧气底吹炼铜工艺生产流程，如图 3-1 所示。

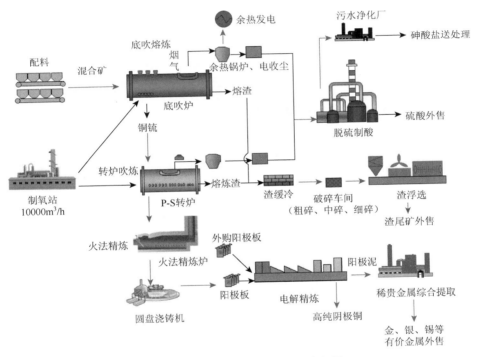

图 3-1　氧气底吹炼铜工艺生产流程图

工艺流程为：备料，底吹熔池熔炼，P-S 转炉吹炼，阳极炉精炼，阳极板浇铸，熔炼渣和吹炼渣进行选矿，烟气回收余热，收尘后送制酸系统回收二氧化硫。

外购的铜精矿、石英石、碎煤通过火车或汽车运至厂区精矿仓储存，精矿仓中的各种铜精矿利用抓斗起重机抓配成混合铜精矿。渣精矿、石英石、碎煤、返料分别通过抓斗桥式起重机、圆盘给料机和胶带输送机上料系统，再经胶带输送机送至配料厂房中的精矿仓、返料仓、石英石仓和煤仓中储存，烟尘经气流输送至配料厂房烟尘仓[1-7]。

根据熔炼工艺要求，通过配料厂房将混合精矿、渣精矿和返料用圆盘给料机和定量给料机配料、石英石和煤单独用定量给料机配料、烟尘用双管螺旋给料机和增湿螺旋输送机进行配料。混合炉料经胶带输送机以及可逆胶带输送机送到底吹炉顶 3 个中间仓，然后经 3 台移动式胶带加料机连续地从炉顶加入到底吹炉内。

工业纯氧和压缩空气经特殊结构的氧枪分内外两层从底吹炉底部鼓入炉内，外层压缩空气起到保护氧枪的作用，内层送纯氧。高压气体使熔池形成剧烈搅拌，炉料在熔池中迅速完成加热、脱水、离解、熔化、氧化、造铜锍和造渣等熔炼过程。反应产物液体铜锍和炉渣因密度的不同而在熔池内分层，并分别从铜锍口和渣口间断地放出。底吹炉结构如图 3-2 所示。

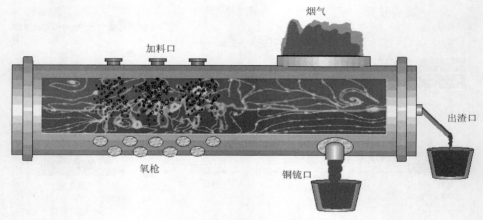

图 3-2　底吹炉结构示意图

底吹炉产出的铜锍送转炉吹炼，炉渣送热渣缓冷场，渣经冷却后送渣选矿车间，选出的渣精矿返精矿仓参与配料。熔炼、吹炼产生的烟气经余热锅炉产生饱和蒸汽进行余热发电，再经过电收尘后进入脱硫系统制取硫酸。由于铜精矿中的砷含量较高，在烟气净化中采用骤冷方法，使进入熔炼烟气中的砷在骤冷塔中以三氧化二砷的形态收集，送往市场销售。烟气含砷不高时，骤冷塔系统未投入使用。底吹熔炼中需要的压缩空气由设在鼓风机房的高压离心压缩机提供，工业氧气由制氧站提供[8-14]。

3.2　工 艺 过 程

3.2.1　备料工序

现代铜强化冶炼工艺对矿种有一定的适应性，但一般炼铜工厂的精矿来源广泛，种类较多，成分差别大，为使入炉物料成分均匀稳定，适应现代铜强化冶炼工艺要求，通常要根据工厂自身的实际情况，选择适合的配料方式。根据精矿的种类、成分、数量等因素，确定合理的比例进行配料。

1. 配料概念与方法

根据冶炼要求将所需要的各种物料按一定质量比进行配合和混合的过程，为炉料准备的一道作业。常用的配料方式分为干式配料和湿式配料两种。

1）干式配料

干式配料又分仓式配料和堆式配料，仓式配料不受粒度的限制，为工厂广泛采用。堆式配料多用于精矿的配合，将各种精矿按比例分层铺成料堆，一个料堆可供数日使用，成分比较稳定。但由于堆式配料不能用于配入粒度相差较大的物料，因此采用堆式配料时常要有仓式配料辅助。

（1）仓式配料：将各种物料分别装入配料仓中，通过给料、称量装置，按质量比例配合在一起。配料的准确度在物料仓内可控排出的前提下，主要取决于称量装置的准确度。为此，称量器具必须定期进行校验，设计时最好做到互为备用，并能对比检测。配料设备由配料仓、仓壁振动器、给料装置、称量装置和配料胶带运输机组成。根据给料装置和称量装置连续工作与否，配料分为连续配料和间断配料。连续配料按给料先后次序分层铺在配料胶带上，配料的工作条件稳定，生产率高。间断配料是将各种物料间断、交替地给在配料胶带上。这种配料方法可以选用各种可靠的计量装置，保证配料的准确度。

（2）堆式配料：堆式配料是将不同物料按一定比例沿水平方向分层铺成料堆再沿垂直方向切割的配料方法。移动式卸料机将各种精矿等粉状物料按比例均匀地分层铺成料堆，经化验和调整成分后，利用取料设备从料堆一段取得混合料。常辅以配料仓加配不宜在料堆上配合的粗粒物料（返料、焦粒、粗粒熔剂等），或进行成分调整后送往冶炼车间。所以，堆式配料常用配料、化验、取料二堆制。料堆大小取决于冶炼处理量、工艺制度和自控水平，一个料堆的料量波动于数百吨至数千吨，可供使用 3～15 天。同一料堆的炉料成分与同等生产能力仓式配料比较，一般用于规模较大、物料来源较多、自动化水平不高的生产场合。

2）湿式配料

将各种料以矿浆形式配合，根据冶炼工艺要求，混合料可直接或经过干燥后送入下一道作业。湿式配料多用于需将磨细的熔剂配入精矿的冶炼作业，或用于流态化炉使用湿式进料的冶炼厂。

2. 配料原则

底吹炉炉料主要有铜精矿、金精矿、渣精矿、冷铜锍、烟灰、石英熔剂、燃料煤。由于底吹炉处理炉料的范围比较广，物料比较杂，因此炉料在入炉前需对各种物料进行搭配处理。主要根据进厂精矿的种类、数量、成分、供应情况、矿仓占用情况等统筹考虑。具体考虑的因素有：

（1）提前一周将所有使用的物料放入仓中，如仓位已被占用时，可将炉料成分相近的矿种存放在同一个仓内。

（2）配料人员需要熟知各种矿料的成分，以便于生产不正常时及时调换炉料。

（3）为了确保有足够的反应热产生，铁和硫总量应占精矿总量的45%以上。铁和硫含量符合要求时（注意：铁是指呈硫化物的铁），可实现自热熔炼，有利于节约能源和稳定底吹炉、制酸的生产工况。过低的硫和铁含量在熔炼时需要补充较多的热量，不利于节能降耗且会造成环境污染；过高的硫和铁含量在熔炼时可多处理一些冷料（返料），能提高冰铜产量。

（4）要根据所购进物料的杂质情况进行合理搭配，避免过多的杂质富集到阳极板当中，从而给后续工艺带来不利影响。熔炼过程中，炉料中的铅、锌大部分挥发进入烟气，这些成分过高时，容易黏结在上升烟道膜式水冷壁上，形成结焦块，影响烟气的正常排出。

（5）根据铜精矿中 SiO_2 的含量，炉料中 Fe/SiO_2 比应满足渣成分的要求。

（6）根据市场动态调整铜、金精矿的比例，混合料含金最高可达 80～100g/t。

方圆底吹炉能够处理 Pb、As、Bi、Sb 等杂质含量较高的物料。

3.2.2　底吹熔炼工序

备料车间混合好之后的混合物料，经皮带运至底吹炉车间的三个储料仓中储存。混合物料从炉子顶部的三个加料口连续加入炉内，从炉子底部的氧枪鼓入氧气和保护空气，搅拌熔池，使炉料完成加热、脱水、分解、熔化、氧化、造锍、造渣等过程。液体铜锍和炉渣因密度不同而分层，分别从放铜锍口和放渣口间断放出，烟气从炉口排出进入烟道、余热锅炉，经电收尘后脱硫制酸。

熔炼炉熔炼所需热量绝大部分来自铜精矿中硫和铁的氧化反应（另一部分来自掺入混合物料中的碎煤的燃烧热）。在保证工艺顺畅的前提下，生产中应尽量减少加煤量，争取达到不加煤，完全实现自热熔炼。

底吹熔炼过程中主要操作技术条件，以方圆集团年处理 50 万 t 铜精矿 $\phi 4.4m \times 16.5m$ 氧气底吹炼铜炉为例说明，见表 3-1。

表 3-1　主要操作技术条件

序号	项目	单位	数值	备注
1	加料量	t/h	85	混合炉料实物量（含水分）
2	炉料 Cu 品位	%	20～22	对干炉料
3	炉料含 S	%	25～28	对干炉料
4	炉料含 Fe	%	23～25	对干炉料
5	炉料水分	%	6～8	
6	氧料比	m^3/t	120～150	
7	富氧浓度	%	71～75	供工业氧（氧浓 99.6%）
8	氧气支管压力	MPa	0.45～0.6	
9	空气支管压力	MPa	0.45～0.6	
10	熔池总深度	m	1.1～1.3	
11	熔池渣层厚度	m	0.2～0.3	
12	熔池冰铜厚度	m	0.9～1.1	
13	渣温度	℃	1130～1160	
14	反应区温度	℃	1200～1250	
15	烟气温度	℃	1160～1200	
16	炉膛气压	Pa	−30～−50	
17	渣型	Fe/SiO_2	1.6～2.0	
18	渣含铜	%	<3.0	
19	烟尘率	%	2.0	
20	冰铜品位	%	≥73	

　　底吹炉是一个卧式圆筒形转炉，两端采用封头形式，结构紧凑。在炉体的吹炼区下部可安装 9～11 支氧枪，分两排呈 15°夹角布置。在炉顶部的氧枪区域设有三个加料孔，其中心线与氧枪中心错开位于两只氧枪水平位置的中间。在吹炼区一侧的端面上安装 1 台主燃烧器，在开炉烘炉、化料和生产过程中需要进行补热时使用。在炉体的另一端端面上，可安装一支辅助烧嘴，需要时用于熔化从锅炉掉入熔体的结块，提高熔渣温度。在此端面上设有放渣口，炉渣由此放出，经过溜槽进入渣包。放锍口在沉淀区下部靠近后一侧，采用打眼放锍方式，铜锍放入包子，送转炉吹炼。烟气出口设在炉尾部的上方，热烟气的流动方向与炉渣、铜锍流动方向一致，烟气出口是垂直向上的，与余热锅炉的上升段保持一致。

氧枪是底吹熔炼炉的重要部件。氧枪的基本结构为双层套管，内管通氧气，外管通空气，用以冷却保护氧枪。氧枪是自耗式的，当氧枪的前段腐蚀、烧损到一定长度就必须更换喷枪。用于炼铜的喷枪，操作条件合适时，熔炼过程中氧枪出口周围的黏结物就会形成一个"蘑菇头"，可以保护氧枪和枪口砖，炼铜的氧枪寿命相对较长。

底吹炉炉衬采用优质镁铬砖砌筑，在冰铜口、渣口以及烟气出口等易损坏部位设置水套保护，保证其使用寿命。氧枪口区的砖体结构是特殊设计的，砖的材质和性能更好，可以延长氧枪寿命和枪口区砖体的寿命。

圆筒形的炉体通过两个滚圈支承在两组托轮上，炉体通过传动装置，拨动固定在炉体上的大齿圈，可以做360°的转动。在生产过程需停风、保温或更换氧枪时，才转动炉体，而只需要转动 83°就能把氧枪转到液面以上，避免氧枪被熔体灌死，氧枪从工作位置到转出熔体需要约 40s。传动系统由电动机、蜗杆减速器、齿轮减速器、小齿轮、大齿圈组成，电机通过变频调速，可以改变炉体转速。

3.2.3　制氧工序

生产过程中用于底吹冶炼的工业纯氧来自制氧站，制氧机组采用较为先进的液氧内压缩制氧工艺。采用分子筛净化空气、液氧内压缩、规整填料上塔的制氧流程。

原料空气在吸入过滤器中经去除灰尘及机械杂质后，进入空气透平压缩机中将空气压缩，然后进入空气冷却塔中冷却。空气在直接接触式空气冷却塔中与水进行热质交换。用于冷却空气的冷却水有两部分：一部分为常温冷却水，由泵加压后进入空冷塔中部；另一部分冷却水（4℃左右）则送入空冷塔塔顶。将压缩空气冷却至 15℃左右进入分子筛吸附器。分子筛吸附器为立式单床层结构。通过分子筛吸附器的空气被净化，其中的水分、二氧化碳及一部分碳氢化合物被分子筛吸附剂吸附。一台吸附器在工作的同时，另一台吸附器由液氮进行再生。

净化后的空气分成两路：第一路为大部分压缩空气，直接进入分馏塔主换热器中；第二路空气进入透平膨胀机的增压端中被增压，增压后空气用冷却器降温。增压冷却后的压缩空气进入膨胀机，通过绝热膨胀产生装置所需的冷量，进入分馏塔作为冷源。第一路的压缩空气直接进入分馏塔下塔，在下塔利用氧气沸点进行粗分馏，然后进入上塔精馏，获得纯度为99.6%的液氧后，通过换热器被加热气化送出冷箱。

由分馏塔出来的氧气经氧压机压缩至 1.0MPa 供底吹炉使用。

氧气站另设置了一个 $20m^3$ 的液氧储槽，可提供事故状态时熔炼炉 1.5h 的氧气用量。

3.3　原　　料

底吹熔炼炉所用的原料包括：铜精矿、金精矿、冷料、返料、熔剂、空气和氧气。

3.3.1　精矿

自然界已发现的含铜矿物有 200 多种，但重要的矿物仅 20 多种，除了少量的自然铜外，主要有原生硫化铜矿物和次生氧化铜矿物，常见的具有工业开采价值的铜矿物见表 3-2。

表 3-2　几种重要的铜矿物成分及性质

类别	矿物	组成	含铜量	颜色	密度/(kg/m³)
硫化铜矿	辉铜矿	Cu_2S	79.8	铅灰至灰色	5.5～5.8
	铜蓝	CuS	66.4	靛蓝色或灰黑色	4.6～4.76
	斑铜矿	Cu_5FeS_4	63.3	铜红色至深蓝色	5.06～5.08
	砷黝铜矿	$Cu_{12}As_4S_{13}$	51.6	铜灰至铁黑色	4.37～4.49
	黝铜矿	$Cu_{12}Sb_4S_{13}$	45.8	灰至铁灰色	4.6
	黄铜矿	$CuFeS_2$	34.5	黄铜色	4.1～4.3
氧化铜矿	赤铜矿	Cu_2O	88.8	红色	6.14
	黑铜矿	CuO	79.9	灰黑色	5.8～6.4
	蓝铜矿	$2CuCO_3·Cu(OH)_2$	68.2	亮蓝色	3.77
	孔雀石	$CuCO_3·Cu(OH)_2$	57.3	亮绿色	4.03
	硅孔雀石	$CuSiO_3·2H_2O$	36.0	绿蓝色	2.0～2.4
	胆矾	$CuSO_4·5H_2O$	25.5	蓝色	2.29

工业上可应用的铜矿中，铜的最低含量已由 2%～3% 降至 0.4%～0.5%。硫化铜矿中常见的伴生金属矿物是黄铁矿，其次为镍黄铁矿、闪锌矿、方铅矿。依伴生矿物的种类及数量不同，分别称为铜锌矿、铜铅矿、铜镍矿等。氧化铜矿中常见的伴生矿为褐铁矿、赤铁矿、菱铁矿等。

铜矿中伴生的脉石矿物常见的是石英、石灰石、方解石等。

原矿中含铜量一般都很低，直接熔炼成本很高，不宜直接用于提取铜，所有用于火法冶炼流程的铜矿在熔炼前都要经过选矿，选矿后铜矿品位达到 15%～30%，然后送往冶炼厂冶炼。表 3-3 列出了方圆集团所购进的世界各地的硫化铜精矿的化学成分。铜精矿常含有较多的 Au、Ag 及铂族元素等。

表 3-3 方圆集团采购世界各地铜精矿成分

产地	成分							
	Cu/%	Fe/%	S/%	SiO₂/%	CaO/%	H₂O/%	Au/(g/t)	Ag/(g/t)
葡萄牙	22.97	28.5	37.44	2.07	1.53	9.08	0.4	42.21
秘鲁	19.97	23.21	23.22	11.65	2.8	8.045	8.53	337.15
土耳其	19.41	24.71	36.61	3.29	3.54	7.796	0.3	94.47
墨西哥	21.69	24.37	32.08	5.82	2.10	6.369	4.06	696.13
伊朗	27.63	25	34.96	4.28	1.88	8.912	1.22	39.60

底吹熔炼所用精矿的来源广泛，种类也较多，成分更是差别较大，给生产带来了不稳定性。但能够处理各种多金属复杂矿也是底吹炉的主要优势，大大增加了原料的来源渠道，解决了国内矿料来源短缺的局面。

外购各地铜精矿成分差别很大，如果直接入炉将给生产带来很大的波动，所以为了达到稳定生产作业的目的，原料在精矿仓备料厂房内通过堆配和仓配两种配料方法进行抓配后，形成混合均匀的混合铜精矿。混匀后的炉料直接通过皮带输送并加入炉内。底吹铜熔炼工艺对原料的适应性很强，所以备料方法非常简单，无需干燥和制粒等工序。含水分 10%左右的精矿可直接入炉，湿料不挂仓，不扬尘，甚至有时候为了减少储存和运送过程中的扬尘问题，还可以适当加湿。对粒度也无严格要求，但是为了保证冶炼强度，减少生料随炉渣放出，粒度一般小于 50mm。

3.3.2 返料

底吹炉由于其良好的热效率和热利用率，能处理比其他冶炼工艺更大比例的返料（表 3-4）。底吹炉日常处理的返料主要来源于自产的烟尘、渣精矿，另外还有大量外购次冰铜。其中次冰铜作为主要的返料成分被称为冷料。冷料通常呈块状，粒度小于 200mm。

表 3-4 方圆集团各种返料成分

返料种类	成分							
	Cu/%	Fe/%	S/%	SiO₂/%	CaO/%	H₂O/%	Au/(g/t)	Ag/(g/t)
渣精矿	24.03	30.04	9.92	17.24	1.75	9.783	7.22	362.09
1#冷料	45～60	8～15	13～18	5～7	0.2～1	0	5～13	100～500
2#冷料	55～80	8～15	0.2～1	7～9	0.2～1	0	8～15	100～500
锅炉烟尘	23.00	10.17	12.25	16.63				

3.3.3　熔剂

熔剂即火法冶金过程中为改善炉渣性质,配入炉料中的附加造渣材料。

熔剂按其酸碱度分为碱性熔剂和酸性熔剂两种。碱性熔剂主要有石灰石、石灰、铁矿石、白云石等,有时也用苏打作碱性熔剂。酸性熔剂主要有石英石等。在冶炼造渣时,用碱性熔剂中和渣中酸性组分,而用酸性熔剂中和渣中碱性组分。熔剂用量根据所炼金属的性质及矿石中脉石种类、含量通过计算确定。

通过熔剂造渣可以对炉渣性质及冶炼过程进行控制。熔剂在冶炼过程中主要有两方面的作用。

(1)降低炉渣的熔点。如矿石中脉石多为二氧化硅,二氧化硅的熔点高达1983K,若加碱性熔剂石灰与铁矿石,它们与二氧化硅作用生成铁钙硅酸盐,铁钙硅酸盐体系的熔点一般在1373K左右。加入碱性熔剂使造渣温度从1983K降到1371K左右,因而可以在较低的炉温下进行熔炼。

(2)降低炉渣的黏度及密度,以便使炉渣有效地与金属相分离,从而可降低金属在渣中的损失,提高金属的直收率。

底吹炼铜工艺一般采用硅铁渣,熔剂一般采用石英石。为了强化冶炼强度和实现低温熔炼操作,对石英的粒度有一定的要求。方圆集团底吹炉工艺采用石英石为熔剂,其成分见表3-5。

表 3-5　方圆集团底吹炉用熔剂石英石成分(%)

SiO_2	Fe	CaO	Al_2O_3	H_2O	粒度/mm
95.15	0.51	<0.1	1.01	0.21	5~15

3.3.4　燃料

底吹炉理论上可以实现无碳自热熔炼,但是随着冰铜品位升高,熔渣中的Fe_3O_4含量会逐渐增多,使熔渣变黏,与冰铜的表面张力差别变小,渣铜分离不好,渣型易恶化。所以此时配的少量碳类燃料(如焦粉、无烟煤、天然气、重油),主要是作为一种还原剂还原渣中的Fe_3O_4,并且提高渣温,改善渣型及炉渣流动性,保持较低渣含铜,提高熔炼直收率。

3.3.5　混合物料

由于铜精矿成分变化很大,所以首先需在备料厂房进行抓配混合,初步形成混合铜精矿。混合铜精矿在皮带运输的过程中,按照熔炼物料要求及配料单指标,加入指定计量的熔剂、返料以及煤,形成适合底吹熔炼的、成分稳定的混合炉料。方圆集团入炉物料成分见表3-6。

表 3-6　方圆集团底吹炉入炉炉料成分（%）

炉料	Cu	Fe	S	SiO₂	CaO	As	Pb	Zn	Bi	Al₂O₃	MgO	Sb
混合铜精矿	20~23	25~27	27~32	8~13	2~4	0.2~0.35	0.5~1.7	1.5~3	0.04~0.12	1.5~3.5	1~2	0.05~0.12
石英	0.98			95.1	0.23							
烟尘	20~60		1~5			5~15	3~8	0.5~3	0.1~1			0.1~0.5
入炉物料	19~22	23~26	24~30	5~10	1~3	0.15~0.3	0.25~1.5	1~2.5	0.03~0.1	1~3	0.8~1.5	0.03~0.09

3.3.6　空气和氧气

底吹熔炼采用氧浓75%的富氧空气,氧气和空气经氧枪分内外两层送入炉内,外层空气起到保护氧枪的作用,氧气从内层送入炉内,较高的氧浓可以减少产生的烟气量,减少烟气带走的热量,更好地维持炉内自热反应。

底吹熔炼的压缩空气来自风机房的空气压缩机,工业纯氧来自制氧站。

由于气体从炉底送入,需要一定的压力来克服熔体的重力,避免氧枪倒灌,但更主要的是为了使熔体更好地搅动,提高熔炼强度,避免反应死角,生产过程中氧枪入口处氧气压力保持0.5MPa,空气压力保持0.6MPa。

氧气作为铜熔炼过程中的重要反应物,在反应过程中起着不可或缺的作用。实质上它是重要的原料之一,由于它源自取之不尽、用之不竭、到处都有,且不用花钱的空气,常被人们忽视。生产中要求它具有一定的压力、纯度和数量。物料反应所需的理论化学需氧量是一定的,所以,不同氧浓的富氧空气会决定产生的烟气量,影响炉内反应的热平衡。氧矿比的不同也决定了产生的铜锍品位,而且会影响炉料中各种成分的反应速率,甚至会影响各物质的反应顺序。如果氧气量过剩,进入渣层的氧分压过高,还会引起炉渣的过氧化,造成 Fe₃O₄ 的生成量增加。所以氧气和空气量的供给既要保证也要能准确控制。

3.4　产　　物

氧气底吹转炉的产物主要有冰铜、炉渣、烟尘、烟气等。

现代的造锍熔炼是在1150~1250℃的高温下,使硫化铜精矿和熔剂在熔炼炉内进行熔炼。炉料中的铜、硫与未氧化的铁形成液态铜锍。这种铜锍是以 FeS-Cu₂S

为主，并熔有 Au、Ag 等贵金属及少量其他金属硫化物共熔体。炉料中的 SiO_2、Al_2O_3、CaO 等成分与 FeO 一起形成液态炉渣，炉渣是以 $2FeO \cdot SiO_2$（铁橄榄石）为主的氧化物熔体。铜锍与炉渣互不相溶，而且密度各异（铜锍密度大于炉渣密度），从而实现分层分离。

在进行造锍熔炼时，投入熔炼炉的炉料有硫化铜精矿、各种返料和熔剂等。这些物料在炉内将发生一系列物理化学变化，最终形成烟气和互不相溶的铜锍和炉渣，其主要的化学反应如下。

1. 高价硫化物的分解

FeS_2 为黄铁矿，是立方晶系，着火温度为 402℃，因此很容易分解。在中性或还原性气氛中，FeS_2 在 300℃ 以上即开始分解；在大气中，通常在 565℃ 开始分解，在 680℃ 时，离解压达到 69.061kPa。

$$2FeS_{2(s)} \longrightarrow 2FeS_{(s)} + S_{2(g)}$$

黄铜矿（$CuFeS_2$）是硫化铜矿中最主要的含铜矿物，其着火温度为 375℃，在中性或者还原性气氛中加热到 550℃ 或更高温度时开始分解，在 800～1000℃ 时完成分解。

$$2CuFeS_{2(s)} \longrightarrow Cu_2S_{(s)} + 2FeS_{(s)} + \frac{1}{2}S_{2(g)}$$

上述硫化物分解产出的 FeS 和 Cu_2S 将继续氧化或者形成铜锍。分解出的 S_2 将继续氧化成 SO_2 进入烟气中。

2. 硫化物的氧化

在现代强化熔炼炉中，炉料往往很快地加入高温强氧化气氛中，所以高价硫化物除发生离解反应外，还会被直接氧化，如

$$2CuFeS_2 + \frac{5}{2}O_2 =\!=\!= Cu_2S \cdot FeS + FeO + 2SO_2$$

$$2FeS_2 + \frac{11}{2}O_2 =\!=\!= Fe_2O_3 + 4SO_2$$

$$3FeS_2 + 8O_2 =\!=\!= Fe_3O_4 + 6SO_2$$

$$2CuS + O_2 =\!=\!= Cu_2S + SO_2$$

高价硫化物分解产生的 FeS 也会被氧化，如

$$2FeS_{(l)} + 3O_{2(g)} =\!=\!= 2FeO_{(l)} + 2SO_{2(g)}$$

$$\Delta G^{\ominus} = -966480 + 176.60T(\text{J})$$

在 FeS 存在下，Fe_2O_3 也会转变成 Fe_3O_4，如

$$10Fe_2O_{3(s)} + FeS_{(l)} =\!=\!= 7Fe_3O_{4(s)} + SO_{2(g)}$$

$$\Delta G^{\ominus} = 223870 - 354.25T(\text{J})$$

Cu_2S 也会进一步氧化，即

$$2Cu_2S_{(l)} + 3O_{2(g)} =\!=\!= 2Cu_2O_{(l)} + 2SO_{2(g)}$$

$$\Delta G^{\ominus} = -804582 + 243.51T(\text{J})$$

在强氧化气氛下，还会发生反应

$$3FeO_{(l)} + \frac{1}{2}O_{2(g)} =\!=\!= Fe_3O_{4(s)}$$

同时，Fe_3O_4 还可进一步与 FeS 反应

$$3Fe_3O_{4\,(s)} + FeS_{(l)} =\!=\!= 10FeO_{(l)} + SO_{2(g)}$$

此反应也是熔炼过程中的重要反应。

3.4.1　铜锍

上列反应产生的 FeS 和 Cu_2O 在高温下进行造锍反应，可表示如下

$$FeS_{(l)} + Cu_2O_{(l)} =\!=\!= FeO_{(l)} + Cu_2S_{(l)}$$

$$\Delta G = -144750 + 13.05T(\text{J})$$

$$k = \frac{a_{(FeO)} \cdot a_{[Cu_2S]}}{a_{[FeS]} \cdot a_{(Cu_2S)}}$$

该反应的平衡常数在 1250℃时 $\lg k$ 为 9.86，说明反应在熔炼温度下急剧地向右进行。一般只要体系中有 FeS，Cu_2O 就将转变为 Cu_2S，而 Cu_2S 和 FeS 会互溶形成铜锍（$Cu_2S \cdot FeS$），所以通常把上列反应视为造锍反应。

两者的相平衡关系如图 3-3 所示。该二元系在熔炼高温下（1200℃），两种硫化物均为液相，完全互溶为均质溶液，并且是稳定的，不会进一步分解。

FeS 能与许多金属硫化物形成共熔体的重叠液相线，其简图如图 3-3 所示。FeS-MS 共熔的这种特性，就是重金属矿物原料造锍熔炼的重要依据。

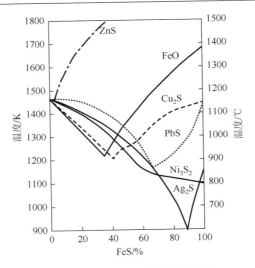

图 3-3　FeS-MS 二元系的液相线

铜锍主要组成是 Cu，Fe，S，其三元系的状态图可用图 3-4 来简单叙述。

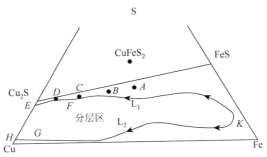

图 3-4　Cu-Fe-S 三元系的简化状态图

在 Cu-Fe-S 三元系中可以形成 CuS，FeS_2 或 $CuFeS_2$ 等，所有这些高价硫化物在造锍熔炼高温（1200～1300℃）下都会分解，而稳定存在的只有低价硫化物 Cu_2S 与 FeS。所以在 Cu-Fe-S 三元系状态图中，位于 Cu_2S-FeS 连线以上的区域，对于铜精矿造锍熔炼是没有意义的。因此，铜锍的理论组成只会在 Cu_2S-FeS 连线上变化，即铜锍中 Cu，Fe，S 的含量变化可在连线上确定。

Cu-Fe-S 三元系状态图的另一特点是，存在一个大面积二液相分层区 *EFKGH*，L1 代表 Cu_2S-FeS 二元系均匀熔体铜锍，L2 为含有少量硫的 Cu-Fe 合金。当熔锍中硫含量减少到分层区时，便会出现金属 Cu-Fe 固溶体相，这是造锍熔炼过程中所不希望发生的。所以造锍熔炼产出的铜锍组成位于 Cu_2S-FeS 连线与分层区之间，才会得到单一均匀的液相。所以工业生产上产出的铜锍组成应该是位于此单一均匀的液相区，既不会发生液相分层或析出固相铁，也不会发生分解挥发出硫。

工业生产中产出的铜锍中溶解有铁的氧化物，铜锍中部分硫会被氧取代，故工业铜锍中硫的含量应低于 Cu_2S-FeS 连线上的理论硫含量，如图中的 A 点，此点可作为反射炉熔炼产出低品位铜锍的组成点。当闪速熔炼产出品位为 50%的铜锍时，铜锍中的 FeS 大部分被氧化造渣，则铜锍组成会向 B 点变化，FeS 继续被氧化，铜锍品位可提高到 C 点（Cu 65%），以至 D 点（Cu 75%），当 D 点铜锍进一步氧化脱硫至 E 点便会产出粗铜。

各种品位的铜锍吹炼是沿着 A-B-C-D-E 的途径，使铜锍中的 FeS 优先氧化后形成硅酸盐炉渣，这一自发反应为

$$[FeS]_{锍} + (Cu_2O)_{液} \Longrightarrow (FeO)_{液} + [Cu_2S]_{锍}$$

反应的进行并不会使 Cu_2S 氧化。只有当锍中 FeS 含量很少，接近白铜锍组成时，铜才会被大量氧化。

铜锍是金属硫化物的共熔体，工业产出的铜锍主要成分除 Cu，Fe，S 外，还含有少量 Ni，Co，Pb，Zn，Sb，Bi，Au，Ag，Se 等及微量 SiO_2，此外还含有 2%~4%的氧，一般认为熔融铜锍中的 Cu，Pb，Zn，Ni 等重有色金属是以硫化物形态存在，而 Fe 除以 FeS 存在外，还以 FeO、Fe_3O_4 形态存在。

随着铜锍品位的不同，铜锍的断面组织、颜色、光泽和硬度也发生变化（表 3-7）。

表 3-7　不同品位的铜锍断面性质

铜锍品位/%	颜色	组织	光泽	硬度
25	暗灰色	坚实	无光泽	硬
30~40	淡红色	粒状	无光泽	稍硬
40~50	青黄色	粒柱状	无光泽	
50~70	淡青色	柱状	无光泽	
70 以上	青白色	贝壳状	金属光泽	

关于铜锍的物理性质测出的数据不多，列出一些如下。

60%CuS-FeS 铜锍在 1200℃时的密度为 $4.7×10^3 kg/m^3$，电导率为 $3×10^4 S/m$，比热容为 0.6kJ/(kg·K)，黏度为 $2.4×10^3 Pa·s$，表面张力为 $360×10^{-3} N/m$。

不同品位下铜锍密度（固态、液态）见表 3-8。

表 3-8　不同品位下铜锍密度（固态、液态）

铜锍品位/%		30	40	50	70	80	粗铜
密度/（g/m³）	20℃	4.96	4.99	5.05	5.46	5.77	8.61
	1200℃	4.13	4.28	4.44	4.93	5.22	7.87

注：粗铜含 Cu 98.3%

FeS-Cu₂S 系铜锍与 2FeO·SiO₂ 熔体间的表面张力为 0.02～0.06N/m，其值很小，故铜锍易悬浮于熔渣中。

铜锍除上述性质之外，还有两个特别突出的性质，一是对贵金属有良好的捕集作用，二是熔融铜锍遇潮爆炸。

铜锍对贵金属的捕集作用主要是由于铜锍中的 Cu₂S 和 FeS 对 Au，Ag 都具有溶解作用，如 1200℃时，每吨 Cu₂S 可溶解金 74kg，而 FeS 能溶解金 52kg。一般来说，铜锍品位只要为 10%左右，就可以完全吸收 Au，Ag，但研究也发现，当铜锍品位超过 40%时，铜锍吸收 Au，Ag 的能力增长不大。

生产实例：熔炼过程中，控制鼓入的风量和氧料比，可以产出任意品位的铜锍直至粗铜。铜锍品位影响燃料消耗、熔炼与吹炼和精炼的工艺条件、经济指标及产物的产量、质量。选定铜锍品位应根据原料杂质成分和对产品质量的要求，选出经济效益最佳的方案。控制铜锍品位在 45%～76%之间，一些底吹炼铜生产厂铜锍成分列于表 3-9 中。

表 3-9　底吹炉熔炼工艺各工厂的铜锍成分（%）

铜锍来源	Cu	Fe	S
方圆集团实例 1#	55	15.5	24.37
方圆集团实例 2#	60.64	11.17	18.98
方圆集团实例 3#	74.6	2.57	20.32
烟台恒邦冶炼厂	50.46	20.62	20.62
包头华鼎冶炼厂	60.21	11.37	19.23

提高熔炼炉的脱硫率，使炉内的化学反应热得到较充分利用，降低过程的燃料消耗，在某些情况下，熔炼可以完全自热。提高铜锍品位，铜锍产量下降，转炉吹炼时间缩短，可以大大减轻吹炼工序的压力。同时，提高铜锍品位，烟气中二氧化硫浓度增加，对制酸也有利。

生产低品位的铜锍，有利于除去铋、锑等杂质。随着铜锍品位的升高，铜锍中砷、锑、铋的含量缓慢上升，当接近白铜锍时，三者在铜锍中的含量急剧上升，这也是人们一般将铜锍品位控制在≤73%的主要原因。另一方面冰铜品位的提高还会带来炉渣含铜的升高，造成铜的直收率下降。随着冰铜品位的提高，冰铜中 Cu₂S 的活度迅速升高，渣含铜也会相应升高。其结果如图 3-5 所示。冰铜中的 Cu 的质量分数大于 60%时，渣中的 Cu 显著增加。

当冰铜的品位高于 60%时，渣中的铜含量迅速增加，因此，很多熔炼炉的操作工应尽量避免这种情况发生。然而，生产高品位的冰铜可以增加热量，降低熔剂消耗，同时也可以减少随后在转炉中的脱硫量（降低转炉的负荷），并且烟气中

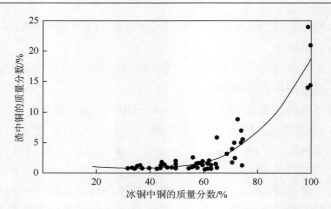

图 3-5　工业熔炼炉渣中的 Cu（渣处理前）与冰铜中 Cu 的质量分数之间的函数关系

的 SO_2 的浓度增加（降低烟气处理费用），有利于后续制酸工艺。另外，几乎所有的炼铜厂都要从熔炼炉渣或转炉炉渣中回收铜，因此，高品位铜的生产更加普遍。

　　铜锍周期性地从炉内放出，放铜锍周期的设定与炉型、炉子的尺寸、锍面与渣面允许波动范围、转炉大小等因素有关，对铜锍层高度的控制更多地从安全角度考虑，如果铜锍层厚度过高，放渣过程中容易带出铜锍；铜锍层过低，从炉子底部鼓入的富氧空气易进入渣层造成渣的过氧化或造成铜锍污染。以方圆集团 $\phi 4.4\text{m} \times 16.5\text{m}$ 熔炼炉为例，铜锍层厚度一般控制在 850～1000mm。

3.4.2　炉渣

1. 造渣过程

　　炉子中产生的 FeO 在 SiO_2 存在的条件下，将按下列反应进行造渣反应，生成铁橄榄石炉渣

$$2\text{FeO}_{(l)} + \text{SiO}_{2(s)} =\!=\!= (2\text{FeO} \cdot \text{SiO}_2)_{(l)}$$

$$\Delta G^{\ominus} = -32260 + 15.27T(\text{J})$$

　　此外，炉内的 Fe_3O_4 在高温下能够按下列反应与石英作用产生铁橄榄石炉渣，即

$$\text{FeS}_{(l)} + 3\text{Fe}_3\text{O}_{4(s)} + 5\text{SiO}_{2(s)} =\!=\!= 5(2\text{FeO} \cdot \text{SiO}_2)_{(l)} + \text{SO}_{2(g)}$$

　　在造锍熔炼过程中，炉料中的脉石主要有石英（SiO_2）、石灰石（$CaCO_3$）等，它们将与氧化后产生的 FeO 进行反应，形成复杂的铁硅酸盐炉渣。不同冶炼条件下铜造锍熔炼炉渣成分见表 3-10。

表 3-10 不同冶炼条件下铜造锍熔炼炉渣成分（%）

工厂及冶炼方法	炉渣成分			
	Cu	SiO$_2$	Fe	CaO
大冶诺兰达炉熔炼	5	23.4	40.95	—
白银公司白银炼铜法	0.5	32.3	33.97	10.58
贵溪闪速熔炼	0.8	32.7	37.6	—
三菱法连续炼铜	0.5	32.3	37.1	7.8
方圆底吹炉	2.45	24.67	43.54	2.28

这些炉渣一般属于 FeO-SiO$_2$ 系和 FeO-SiO$_2$-CaO 系，个别情况下可得到 FeO-SiO$_2$-Al$_2$O$_3$ 系炉渣，FeO-SiO$_2$-CaO 系状态图如图 3-6 所示。

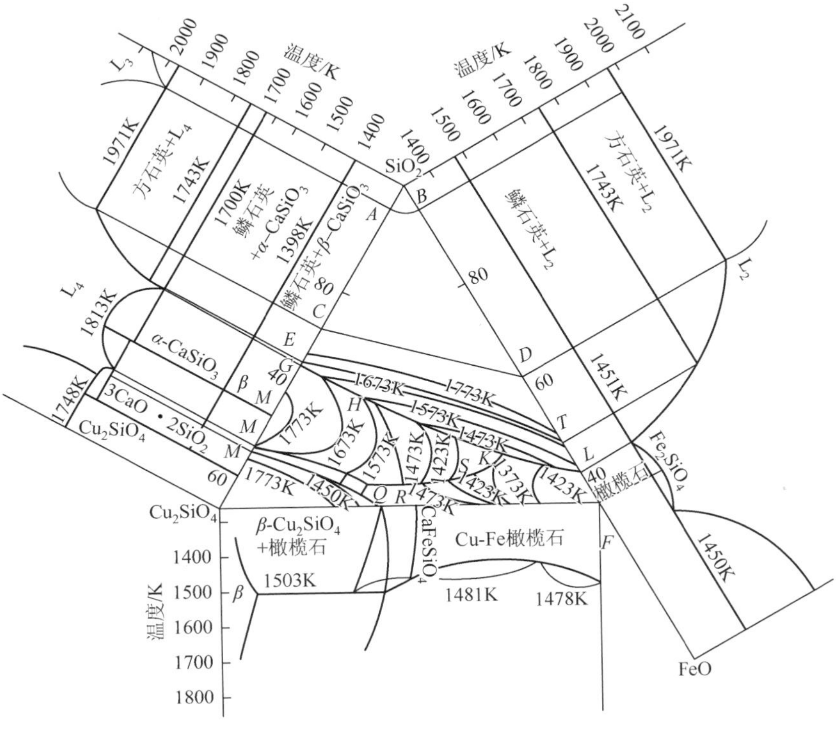

图 3-6 FeO-SiO$_2$-CaO 系状态图

从上图中可以确定一定组成的炉渣熔化温度。利用这些氧化物的共晶组成，可以得到熔点最低的炉渣组成。例如，FeO-SiO$_2$ 系中 Fe$_2$SiO$_4$ 铁橄榄石附近的熔点比较低，约为 1200℃。加入 CaO 之后，熔点有所降低，降至图中 S-K 点附近，熔化温度降至 1373K 左右。

为了进一步降低能耗，达到节能高效、低温熔炼的生产目的。方圆集团针对不同铁硅比下的炉渣进行熔点测试，以寻求熔点低、流动性好的，能够适合低温生产的渣型。炉渣采用快速测定方法进行测试。炉渣成分及测定结果见表 3-11。

表 3-11　方圆集团不同铁硅比下炉渣成分及熔点

编号	Fe/SiO$_2$	Cu%	Fe%	SiO$_2$%	CaO%	S%	熔点/℃
1	1.43	4.18	40.55	28.40	2.53	1.37	1146
2	1.66	2.59	43.20	26.00	2.52	1.33	1140
3	1.76	2.29	43.80	24.88	2.63	1.06	1150
4	1.85	2.59	43.61	23.55	2.46	1.07	1163
5	1.95	2.54	44.88	23.03	2.69	1.29	1138

上述结果是在 1500℃下，空气气氛中测试 14s 的快速测定实验数据，与此同时，对 Fe/SiO$_2$ 为 1.66 和 1.85 的炉渣采用 TG-DTA 方法在氩气保护下进行测试，其吸热峰值即熔化温度分别为 1155.7℃ 和 1159.6℃。

炉渣成分的变化（即常称的渣型变化），对炉渣的性质有重要的影响。但各成分对炉渣性质的影响情况非常复杂，某些成分的影响仍未弄清楚。表 3-12 列出了几种成分及温度对液态炉渣性质的影响。在一定渣成分范围内表中箭头表示提高某组分含量时，性质提高或降低。

表 3-12　几种成分及温度对液态炉渣性质的影响

成分	黏度	电导率	密度	表面张力
SiO$_2$	↑	↓	↓	↓
FeO	↓	↑	↑	↓
Fe$_3$O$_4$	↑	—	↑	↓
Fe$_2$O$_3$	↑	↓	↑	↓
CaO	↓	↑	↓	↑
Al$_2$O$_3$	↑	↑	↓	↓
MgO	↑	↑	↓	—
温度升高	↓	↑	↓	↓

2. 生产实例

1）底吹炉渣特点

底吹炉渣的特点是：渣含铁高，渣中铁硅比可在 1.0～2.0 范围内变化，一般为 1.6～1.8。选用高铁硅比炉渣，可以减少渣量，进而达到提高铜直收率的目的。而且底吹炉氧气由于从底部吹入，氧气首先与冰铜进行反应，进入渣层的氧气量很少，炉渣过氧化的情况基本不会发生。而且气体压力较高，熔体搅动剧烈，无死角，并且生料不断加入，生成的磁铁很快会被还原，基本可以避免炉渣磁铁的大量生成。测量炉渣磁性铁含量为 6%～9%，一般熔炼过程中未发现四氧化三铁或难熔物在炉底沉结或产生隔层现象。

炉渣要定期排放，以控制渣层厚度。放渣操作与炉型、熔炼参数控制及渣包大小有关。以方圆集团 $\phi 4.4m \times 16.5m$ 熔炼炉为例，一般渣层厚度达到 250～300mm 时，就需要进行放渣操作。

底吹炉炉渣中含铜也较高，这是由于该法生产的铜锍品位较高，炉内熔体搅动剧烈。沉淀分离区域小，炉渣含铜 2.0%～4.0%。因其含铜高，必须贫化处理。贫化方法一般选择缓冷—磨浮—选矿法。

渣口一般采用耐火黄泥封堵，可采用渣口机或人工用钢钎打开。待一包炉渣放完，用事前准备好的耐火黄泥将出渣口封堵严实。底吹炉高铁渣成分见表 3-13。

表 3-13　底吹炉渣成分（%）

Cu	Fe	SiO$_2$	CaO	S	Al$_2$O$_3$	Au	Ag
2.45	43.54	24.67	2.28	0.75	1.07	1.02	23.54

注：Au、Ag 单位为 g/t

2）炉渣及相应铜锍成分

通过对同一放渣批次下不同时刻分前、中、后（即放渣开始时、放渣过程中、放渣结束时）三个时间段取样，分析渣成分是否变化，来判断炉内渣层成分是否具有分层现象。同样，通过对同一放铜批次下不同时刻分前、中、后（即放铜开始时、放铜过程中、放铜结束时）三个时间段取样，分析冰铜成分是否变化，来判断炉内冰铜层是否具有分层现象。

与此同时，为了研究同一时刻炉内渣成分对应的冰铜成分，同时进行取渣样、铜样操作。方圆集团对同一时刻的炉渣、冰铜成分进行化验对比，对比结果见表 3-14。

表 3-14　方圆集团底吹熔炼炉渣及其相应铜锍成分（%）

	名称	Fe	Cu	CaO	SiO$_2$	Al$_2$O$_3$	As	MgO	S	Pb	Zn	FeO
炉渣	前（开始）	43.90	3.01	1.77	23.30	1.37	0.14	0.64	1.25	0.83	3.68	38.90
	中（中间）	44.70	2.75	1.80	24.30	1.39	0.15	0.64	1.20	0.82	3.76	39.20
	后（结束）	44.70	2.72	1.79	24.70	1.39	0.15	0.65	1.18	0.84	3.74	38.40
冰铜	前（开始）	3.09	73.65	0.02	0.28	0.08	0.07	0.10	20.29	2.13	0.75	
	中（中间）	3.12	73.36	0.02	0.45	0.08	0.08	0.12	19.42	2.14	0.76	
	后（结束）	4.02	72.62	0.02	0.53	0.09	0.09	0.11	19.66	2.14	0.79	

3）炉渣的主要物相组成及其构造特征

为了详细研究底吹炉炉渣的主要物相组成，方圆集团委托北京矿冶研究总院对炉渣物相成分进行了详细的鉴定，结果表明有价金属 Cu 主要呈大小不一的珠滴状颗粒存在，总体上细小者居多；金属铜很少，多半和斑铜矿在一起；此外，有不少黄铜矿呈极细粒状在渣相间析出。各相在渣中的嵌布特征如图 3-7～图 3-12 所示。

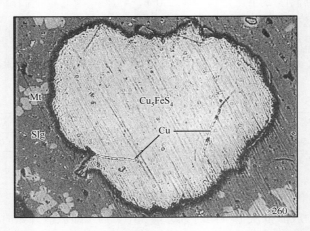

图 3-7　较粗的斑铜矿（Cu_5FeS_4，约 0.45mm）及金属铜（Cu）嵌布在主要由硅酸盐渣相（Slg）和磁铁矿（Mt）组成的渣相中（×260）

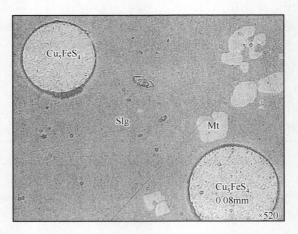

图 3-8　圆粒状斑铜矿（Cu_5FeS_4）嵌布于由硅酸盐渣相（Slg）和磁铁矿（Mt）组成的炉渣中，斑铜矿表面经氧化呈现不同的色泽（×520）

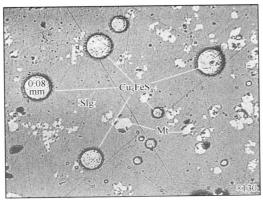

图 3-9　圆粒状斑铜矿（Cu_5FeS_4，粒径 10～80μm）嵌布于由硅酸盐渣相（Slg）
和磁铁（Mt）组成的炉渣中（×130）

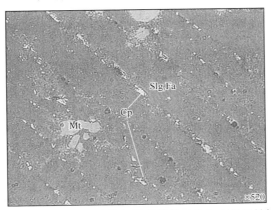

图 3-10　高倍放大条件下显示，斑点状细粒黄铜矿（Cp）在柱状铁橄榄石（Slg，Fa）
晶体间析出（可能还有 FeS 相），粒度极细而在磨矿过程中不可解离（×520）

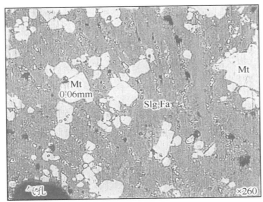

图 3-11　主要由柱状铁橄榄石（Slg，Fa）和磁铁矿（Mt）组成的炉渣中，
嵌布有极细的铜的硫化物相（亮白斑点，普通＜0.005mm）（×260）

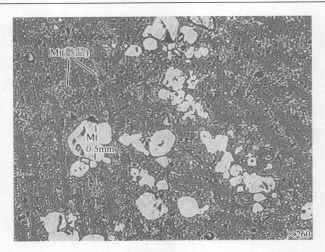

图 3-12　磁铁矿（Mt）除呈自形-半自形粒状晶析出外，在铁橄榄石（柱状结晶基体）
中也见许多骸晶呈树枝状析出（×260）

　　从上述有关照片中可以看出，炉渣各相的结晶粒度变化很大，这种变化在块
状渣中特别明显，这可能是快冷造成的，如图 3-13 所示。

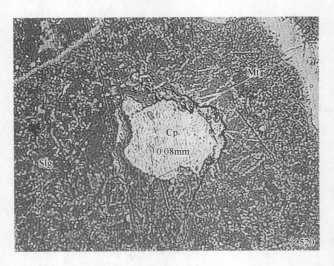

图 3-13　块状渣中的他形黄铜矿（Cp）及细粒他形磁铁矿（Mt），硅酸盐渣相（Slg）中
尚有许多磁铁矿雏晶（×520）

　　炉渣中未见铜的氧化物相，扫描电镜能谱分析证明，铁橄榄石及磁铁矿（铁
酸盐）中也未见明显含量的 Cu。重要相的分析如图 3-14、图 3-15 所示。
　　在更高放大倍率下对渣相进行了扫描分析以反映其成分分布。能谱分析结果表明，铁橄榄石中有少量 Al、K、Mg 混入，但未见明显数量的 Cu；磁铁矿中也可混入少量 Al，但不含 Cu；橄榄石柱状结晶之间有晚期凝结物，这些凝结物有成分复杂的玻璃相，也有极细粒的黄铜矿和陨硫铁 FeS，如图 3-16 所示。

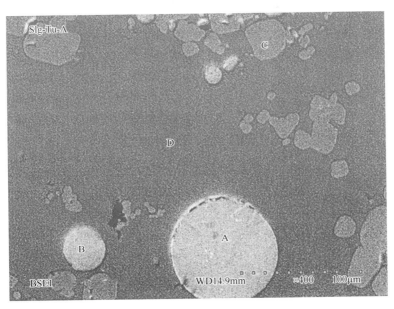

图 3-14　炉渣抛光面背散射电子图像，分析点 A、B、C、D 的成分见图 3-15（×400）

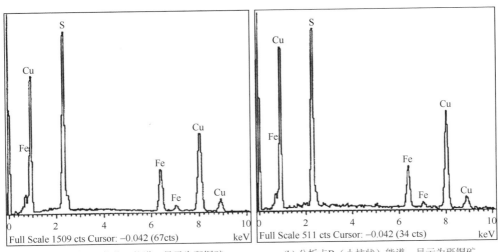

(a) 分析点A（柱状）能谱，显示为斑铜矿　　　　　(b) 分析点B（小柱状）能谱，显示为斑铜矿

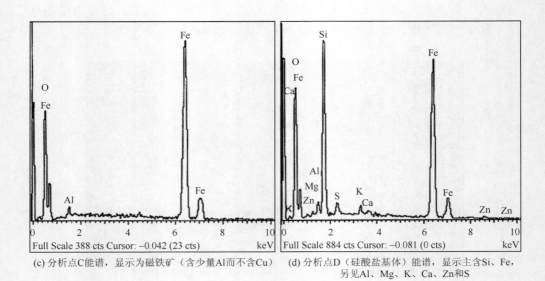

(c) 分析点C能谱，显示为磁铁矿（含少量Al而不含Cu）　　(d) 分析点D（硅酸盐基体）能谱，显示主含Si、Fe，
　　　　　　　　　　　　　　　　　　　　　　　　　另见Al、Mg、K、Ca、Zn和S

图 3-15　炉渣中重要相组成的能谱，显示硅酸盐（磁铁矿）不含 Cu、Zn，而硅酸盐基体中除
主含 Fe、Si 外，还有其他多种组分

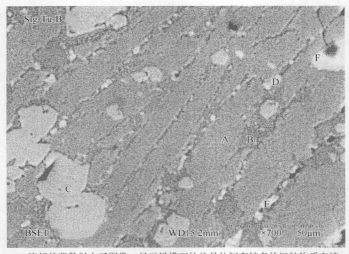

(a) 渣相的背散射电子图像，显示橄榄石柱状晶体间有较多的细粒物质充填

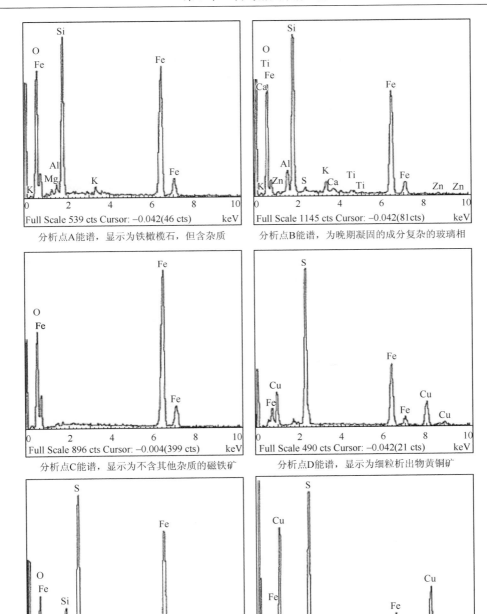

分析点A能谱，显示为铁橄榄石，但含杂质

分析点B能谱，为晚期凝固的成分复杂的玻璃相

分析点C能谱，显示为不含其他杂质的磁铁矿

分析点D能谱，显示为细粒析出物黄铜矿

分析点E能谱，显示为FeS和黄铜矿析出物，
由于粒细，故有玻璃相成分混入

分析点F能谱，显示为主要含铜相斑铜矿

图 3-16　反映炉渣中各主要相组成的扫描电镜分析图谱

炉渣试样的 X 射线衍射分析表明，其主要物相为铁橄榄石、磁性氧化铁和含铜的斑铜矿。分析化验结果如图 3-17 及表 3-15 所示。

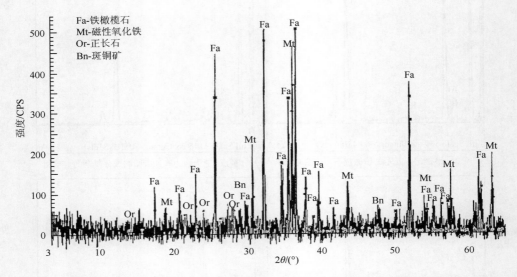

图 3-17　炉渣综合样的 X 射线衍射谱，显示主要相组成为铁橄榄石（Fa）、磁性氧化铁（Mt），
以及少量斑铜矿（Bn）和正长石（Or）

表 3-15　炉渣中各相组成估量

相组成名称	铁橄榄石	磁性氧化铁	斑铜矿*	金属铜	陨硫铁	玻璃相**
相对含量/%	～55	～20	～5	～0.1	～1	～20

*包括少量黄铜矿

**包括极细的结晶硅酸盐相如正长石等

据显微镜下鉴定、能谱分析和综合样的化学分析结果，对各相组成的相对含量进行了估量，见表 3-15。

4）炉渣中的 Fe_3O_4

从图 3-17 和表 3-15 可见，渣含 Fe_3O_4 在 20%，是比较高的，这和渣含铜较低有一定矛盾，但进一步考虑可知，这是不同采样方式的测试结果，即分别用钢钎取样和取样勺取样，因此前者在空气中高温氧化的表面积大，后者氧化的面积较小。对两种样品分别进行了 X 射线衍射分析，其结果如图 3-18、图 3-19 所示。

由图 3-18 和图 3-19 可见，Fe_3O_4 含量分别为 23.2%（钢钎取样）和 9.6%（取样勺取样）。

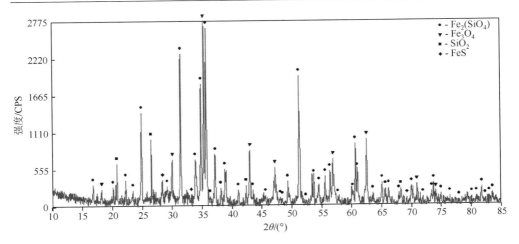

图 3-18　底吹炉钢钎取渣样的 X 射线衍射谱

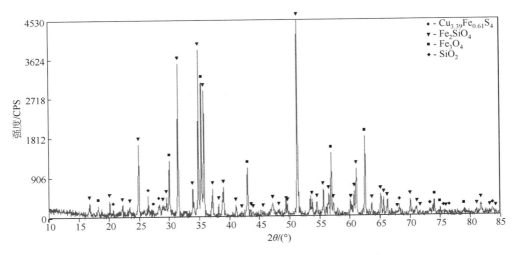

图 3-19　底吹炉取样勺取渣样的 X 射线衍射谱

实际上，取样勺取样也会发生一定程度的氧化，这说明炉渣实际 Fe₃O₄ 含量是低于 9.6%的。

3.4.3　烟气

底吹炉熔炼工艺采用富氧熔炼，富氧浓度达到 70%以上，冶炼过程所产烟气量小，SO_2 浓度高，有利于冶炼烟气制酸系统运行，产生的高温烟气首先经过余热锅炉进行余热回收。方圆集团底吹炉烟气成分实测值见表 3-16。

表 3-16   底吹炉烟气成分实测值

部位	烟气组成/%					烟气量/(Nm³/h)	烟温/℃
	SO_2	O_2	CO_2	H_2O	N_2		
反应炉出口	33.21	4.15	2.26	27.81	32.57	24745	1100±50
锅炉进口	22.14	9.55	1.51	19.57	47.23	37118	880±30

底吹炉反应炉出口与锅炉衔接采用了水冷上升烟道，上升烟道属于余热锅炉一部分，在起到余热回收作用的同时，也大量降低了底吹炉的漏风率。

3.4.4   烟尘

底吹炉烟尘率为干炉料量的 1.5%～2.0%，随炉料成分、水分及粒度、炉膛压力的不同略有变化，与闪速熔炼相比，其烟尘率低得多，具有较大的优势。方圆底吹炉的烟尘率控制在 2.0% 以内，低于设计值 2.5%，也对整个冶炼过程主金属元素的回收提供了有利的条件。底吹炉脱除砷、锑、铋元素的能力较高，脱除率均可达 70% 以上。砷元素可在骤冷塔中冷却收集，以三氧化二砷的形式送市场外售；锑、铋可富集于烟灰，可作为提取锑、铋的原料。方圆集团的烟尘成分列于表 3-17。

表 3-17   方圆集团烟尘成分（%）

项目	Cu	Fe	S	SiO_2	Pb	Zn	As	Sb	Bi
锅炉尘	25.89	26.45	12.27	7.64	3.48	2.33	1.09	0.41	0.46
电收尘	12.61	10.39	7.62	1.03	13.68	3.56	8.51	0.36	2.14

3.4.5   熔炼控制原则

1. 最佳铜锍品位原则

随着冶炼厂处理各种物料的不断变化，需要进行严格控制来保持阳极铜的质量。从确保产品质量可采取的措施上分析，一是前面提到的配料环节，另一个是生产工艺的控制。

生产工艺中熔炼环节控制分析，主要通过控制氧矿比以及增加冷料来调节铜锍品位，从而实现对杂质元素的脱除，不同品位的冰铜在很大程度上影响了杂质元素的分布，而且决定了后续转炉吹炼工序的吹炼时间。底吹炉工艺所产铜锍品位空间较大，为 45%～73%。

2. 最佳粗铜质量原则

水口山的精矿成分中杂质含量为：As，2.24%；Sb，0.28%，Bi，0.31%；富氧浓度为 71%；锍品位为 48%；大冶诺兰达的富氧浓度为 42%，锍品位为 60%；艾萨的富氧浓度为 42%～52%，锍品位为 56%～59%；方圆底吹炉富氧浓度为 72.5%，锍品位不低于 73%。从各工艺的生产实践来看，控制适宜的富氧浓度产出在 48%～60%品位的铜锍，对脱除杂质最为有利，其中底吹炉工艺熔炼中等品位的锍时，将 As 脱出到气相中的能力较高。底吹炉工艺熔炼杂质分布见表 3-18。

表 3-18　不同工艺下熔炼杂质元素分布（%）

杂质元素	锍中				渣中				烟气中			
	底吹炉	诺兰达	艾萨	特尼恩特	底吹炉	诺兰达	艾萨	特尼恩特	底吹炉	诺兰达	艾萨	特尼恩特
As	2.66	8.0	9.3	6	5.50	7	17.9	8	91.84	85.0	72.8	86
Sb	26.21	15.0	39.9	9.5	56.41	29.0	51.9	30	17.38	57.0	8.1	60.5
Bi	29.38	9.0	24.0	23	6.18	21.0	1.0	41.5	64.44	70.0	75.0	35.5

3. 最佳能耗原则

如何保持工艺条件优越性和能耗最低之间的平衡，是底吹熔炼控制的一大原则。较高的氧浓固然能够给生产带来很大的优越性，产生烟气量小，SO_2 浓度低，便于制酸，但是制氧的成本费用也会相应增加。较高的氧压固然可以给底吹工艺提供良好的搅拌动力学条件，使反应更加迅速完全，但是势必也会造成能量消耗的增加。如何合理搭配混合矿料，实现自热熔炼过程，做到不配燃料，是底吹熔炼降低能耗的主要手段。所以如何节约成本，降低能源消耗，同时又能将工艺的先进性充分表现出来，是底吹熔炼控制的主要原则。

3.5　余 热 回 收

冶金工厂中所用的各种炉窑，产生大量的高温烟气，其烟尘和烟气的热值占入炉热值的 30%～65%。烟气冷却的目的是使烟气调节到某一低温范围，以适应收尘设备和排风机的要求。余热锅炉冷却系统除了使烟气降温外，还有一定的收尘作用，同时将余热加以利用。有效利用这部分热量是提高燃料利用率、节能降耗的有效途径。

3.5.1　冷却方式分类

根据烟气与冷却介质接触与否分为直接冷却和间接冷却两大类。

1. 间接冷却

间接冷却是指烟气不与冷却介质直接接触，一般也不改变烟气的性质。主要热交换方式是对流和辐射。

优点：①不改变烟气成分与流量；②废热可以同时加以利用；③可以对烟气的流量、温度、压力及其他峰值负荷起平抑作用。

缺点：①占地空间大；②管道可能由于烟尘黏结而堵塞。

间接冷却的方法：水套冷却、汽化冷却、余热锅炉冷却、表面淋水冷却、风套冷却、烟道冷却。

2. 直接冷却

直接冷却是指烟气与冷却介质直接接触，并进行热交换，烟气量及其成分可能发生改变。主要热交换方式是蒸发（喷水冷却）和稀释（吸冷风）。这两种换热方式各有优缺点。

1）蒸发

优点：①设备费用低，占地空间小；②能严格迅速地控制温度；③能部分清除灰尘及有害气体。

缺点：①运行时，设备容易腐蚀（由于烟气中某些成分溶于水使水呈酸碱性）；②增加结露危险；③增加气体体积（烟气中水蒸气含量增多），加大后续设备负担。

2）稀释

优点：①方法简单易行；②设备费及运行费低。

缺点：①气体体积增大较多，需要加大后续设备能力；②有时必须将用来稀释的空气进行预处理，以防止吸入周围环境湿气。

3.5.2　余热回收工段

高温烟气冷却系统使烟气降温的同时，将余热加以利用。余热回收方式有：
（1）以换热装置利用离炉烟气预热空气（或煤气）。

（2）使用余热锅炉或汽化冷却装置，回收工艺过程余热以生产中、低压蒸汽和热水，供发电、生产及生活用。

（3）利用废气循环调节炉温和改善燃烧。废气循环的动力，低温时可采用鼓风机；高温时使用喷射器。喷射介质为燃烧用空气。

（4）利用排烟通入一简单预热炉，或采用双膛炉交替地一方加热，另一方通烟气预热，以提高炉料的入炉温度。

余热锅炉由于它利用高温烟气的热焓产出中压或低压蒸汽，占地面积小，便于维修，寿命长，密封性好等优点而广泛被有色冶炼工厂所采用。

3.5.3 生产实例

底吹熔炼炉后设 1 台余热锅炉用于冷却底吹炉排出的高温烟气，充分回收烟气余热，回收部分金属烟尘，为后续收尘系统创造条件，底吹炉排出的高温烟气依次通过余热锅炉、收尘及制酸系统。余热锅炉产生的蒸汽用于余热发电，抽蒸汽供生产和生活用热。方圆集团 $\phi 4.4m \times 16.5m$ 底吹炉配备余热锅炉设计参数如下：

余热锅炉主要技术参数设计值：锅炉进口烟气量，$46000m^3/h$（最大时）；锅炉进口烟气温度，$850℃$；烟气含尘量，$37.22g/m^3$。

烟气成分设计值见表 3-19。

表 3-19 烟气成分设计值（%，体积分数）

SO_2	SO_3	CO_2	N_2	O_2	H_2O
21.87	0.22	2.56	43.58	8.89	22.89

锅炉参数：锅炉蒸发量，16t/h；蒸汽压力，4.0MPa；蒸汽温度，251℃；给水温度，104℃；排烟温度，（370±20）℃。

方圆集团底吹炉余热锅炉采用上升烟道和水平烟道的直通式强制循环锅炉，半露天布置。

底吹炉余热锅炉上升烟道底部与底吹炉烟气出口相接。余热锅炉上升烟道、水平烟道前部为辐射室，底吹炉产生的850℃左右高温含尘烟气首先经余热锅炉上升烟道、水平烟道初步冷却至750℃左右。辐射室中烟气流速较低，有利于烟尘沉降。通过辐射室辐射换热烟气温度被冷却至675℃进入后部的对流区，对流区布置有凝渣管屏和若干组对流管束。凝渣管屏和对流管束均由锅炉钢管弯制，采用顺列布置。烟气出第一组对流管束的温度为617℃，出第二组对流管束的温度为 521℃，出第三组对流管束的温度为 418℃，出第四组对流管束的温度为 362℃，排出余热锅炉进入收尘系统。经电收尘预除尘灰斗将烟气中大颗粒的烟尘依靠重力的原理初步收集后进入电收尘器，依次通过电收尘器 1#、2#、3#、4#、5#电场净化后，烟气由高温排烟机送制酸系统。一般工厂同时设两台电收尘器，可并列运行又可相互独立运行，目的是当一台电收尘器出现故障检修时另一台电收尘器仍然运行，做到不影响生产。另一个目的是底吹炉高产时，两台电收尘器并列运行既可降低烟气流速又可降低通过电收尘的温度。

底吹炉余热锅炉外壁均由膜式水冷壁组成。水平烟道后部设置 2 组屏式对流管束和 5 组顺列结构的管束。

汽包位于余热锅炉房汽包间，汽包尺寸为：内径 1800mm，直段长度 8000mm，厚度 50mm。材质为 Q345R，也可采用 20G。

在上升烟道、水平烟道、灰斗布置若干人孔门，以方便操作和检修余热锅炉。在底吹炉与上升烟道接口侧设置一个烟罩以及副烟道，用于底吹炉开炉升温过程中烟气的导出。

在余热锅炉上升烟道与底吹炉接口设置柔性膨胀节。膨胀节的作用是补偿两部分之间的不同方向的热膨胀，防止外部空气或内部烟气的泄漏，避免锅炉受热面的腐蚀，改善操作环境。膨胀节结构根据所在地点的温度不同而有所不同，一般由耐温层、保温层和密封层等组成。余热锅炉与底吹炉接口的膨胀节除了满足密封和补偿热膨胀外，要承受 1200℃的高温，要尽可能地减少积灰和结渣，要方便拆卸。

余热锅炉支架采用整体钢结构，并设有热膨胀导向装置。其作用是保证炉体的自由膨胀，限制水平位移，防止炉体的变形和振动。

上升烟道和水平烟道外壁采用弹簧锤清灰装置清除受热面的积灰。弹簧锤清灰装置具有清灰效果好、消耗动力少和运行可靠等特点。对流管束采用弹簧锤清灰装置和燃气脉冲冲击波吹灰器相结合的清灰方式。

余热锅炉炉墙采用膜式壁结构，保温材料选用硅酸铝棉毡，保温厚度为120mm，保温外层采用彩钢板。

余热锅炉设置部分钢架、平台扶梯，用于振打锤检修、人孔门和阀门操作。

辐射冷却室及对流管束区灰斗下设置刮板运输机，灰渣返回精矿供给系统。

余热锅炉回收高温烟气余热产出压力为 4MPa 的蒸汽，此中压蒸汽再进入余热发电系统发电。余热发电采用德国德莱赛兰（Dreseser Rand）公司生产的饱和蒸汽汽轮机发电机组（图 3-20）。

它的主要特点是启动快，负荷调节范围宽，可从负荷的 20%调制 110%；可频繁启动；机组紧凑，占地面积小，可做到自动解列，自动上网。

图 3-20　余热发电机组

3.6　烟　气　收　尘

3.6.1　重金属冶金工厂的烟气含尘成分

重金属火法冶金过程产生含尘烟气,此烟气除含硫、碳、氮等以气态形式存在的元素外,还存在各种固体氧化物,如氧化铜、氧化锌、氧化铅、氧化镉、氧化铋、氧化锑、氧化锡、氧化砷、氧化镍、氧化碲、氧化锗、氧化铟、氧化硒,以及这些金属的硫化物和硫酸盐,此外还有铁的氧化物和脉石粉尘,可见冶炼烟气将带走大量的金属及伴生有价元素,会降低金属回收率和资源利用程度,并对后续冶炼烟气制酸的工艺造成危害;甚至烟气中的颗粒污染物(包括粉尘、飞灰、黑烟和雾等)及其中有毒的元素与化合物造成环境污染,危害人体健康。

3.6.2　重金属冶金工厂的烟气收尘重要性

(1)提高金属回收率和原料的利用率。在火法冶炼过程中,由于物料的移动和烟气流动产生机械性烟尘,高温条件也会产生挥发性烟尘。这些机械性烟尘成分与原料相似,挥发性烟尘富集了蒸气压较大的金属或化合物。两者都为从原料中分离和综合回收这些金属创造了条件。

(2)为有色冶炼烟气中硫和碳的回收创造条件。在火法冶炼过程中,硫化矿中的绝大部分硫氧化成二氧化硫和少量的三氧化硫并进入烟气。为回收这些硫,对烟气中的含尘量应有严格的要求，如接触法制酸中任何流程都要求含尘量不大于 $200mg/m^3$；炼锌鼓风炉还原熔炼烟气中含有大量的一氧化碳，为利用这种可燃气体需要加压，要求进入鼓风炉前的气体含尘量不大于 $50mg/m^3$。

（3）保护环境、防止污染。有色冶炼烟尘中部分金属化合物具有毒性，如氧化铅、三氧化二砷、氧化镉、氧化铍等，排放后造成环境污染。这种烟进入制酸系统，也会造成二次污染。

节约资源、保护环境是我国的基本国策。重金属冶炼含尘烟气（有的还含有较高的二氧化硫）的治理具有双重性。一般把治理粉尘大气污染广义上称为除尘，相应的设备称为除尘器。有色冶炼烟尘是重要的二次资源，甚至是生产工艺过程的重要中间产品，因此，习惯上把从烟尘中分离并收集烟尘的过程称为收尘，相应的设备称为收尘器。

3.6.3 铜冶金过程的烟气含尘量

重金属冶金炉排出的烟气含尘量随冶炼过程的强化而有不同程度的增加，有的大于 $100g/m^3$，甚至高达 $1000g/m^3$，烟尘率一般在 2%～10%。各种炉的烟气含尘量见表 3-20。

表 3-20   不同冶炼工艺下烟尘情况

冶金炉名称	含尘量/（g/m^3）	烟尘率/%
诺兰达熔炼炉	25～30	2.5～5
密闭鼓风炉	15～40	2～6
闪速熔炼炉	50～100	5～10
连续吹炼炉	5	≤1
吹炼转炉	3～15	1～5
顶吹浸熔炼炉	10～45	1.5
白银炼铜炉	35～40	2～5

3.6.4 底吹熔炼过程烟气收尘流程

底吹熔炼过程烟气收尘流程：熔炼炉→余热锅炉→电收尘器→骤冷塔→布袋除尘器→排烟机→制酸。

熔炼炉的烟气经余热锅炉冷却降温并收下部分烟尘后进入收尘系统。根据冶炼工艺提供的烟气条件及余热锅炉的收尘效率，出余热锅炉后的烟气含尘约为

19.971g/m³，可直接进入电收尘器，在余热锅炉和电收尘器之间不设置其他收尘设备，从电收尘器出来的烟气含尘量≤0.2g/m³。

在铜熔炼过程中，精矿中所含的砷（As）有90%以上以气态形式挥发进入烟气中。为了减少硫酸生产过程中的杂质，在收尘系统以骤冷方式把温度从300℃骤降至120℃后进入布袋除尘器，布袋除尘器收砷（As）效率为99%。经过收尘和收砷（As）后的烟气用排烟机送到制酸系统。

电收尘器收下的烟尘量用埋刮板输送机送至气力输送泵加料口，之后采用气力输送的方式将烟尘送至精矿仓的烟尘接收仓内。

布袋除尘器收下的干砷在布袋除尘器下部就近包装，然后以汽车运输方式外卖或处理。

骤冷塔耗水量为4.602t/h，水压为0.4～0.6kPa，为防止水管结垢堵塞喷嘴，建议使用软化水。为防止烟气结露造成对管道及设备的腐蚀，收尘系统所有管道及主要设备均需进行外保温。

电收尘器与余热锅炉、骤冷塔、布袋除尘器均为顺向布置，排烟机布置在布袋除尘器出口方向以便收尘系统在负压下操作。低压配电室和仪表控制室配置在电收尘器下面，以减少占地面积。收尘系统主要技术指标见表3-21。

表 3-21　收尘系统主要技术指标

收尘系统	收尘效率/%	漏风率/%	阻力损失/Pa
余热锅炉	30	12	300
电收尘器	99	5	450
布袋除尘器	99	5	1500
骤冷塔		3	600
排烟机及其他		5	1600
总计	99.99	30	4450

3.7　底吹炼铜工艺特点

3.7.1　氧浓高

底吹熔炼工艺送入炉内的富氧浓度高达75%，产生的烟气量小，烟气带走的热量小，热损失小，所以底吹炉更容易维持自热熔炼，而且二氧化硫浓度高，有利于后续制酸工艺。较小的烟气量使得控制炉子的负压（−50～−100Pa）更容易，保证了炉内的烟气和烟尘不外溢[2-4]。

高氧浓的优势：现代炼铜法中普遍采用了富氧熔炼, 利用高氧浓来减少烟气量, 从而减少烟气带走的热量损失, 进而达到自热熔炼、降低生产能耗的目的（表 3-22）。

表 3-22　各熔炼工艺的富氧浓度（%）

艾萨法	瓦纽科夫法	三菱法	奥斯麦特法	底吹炉法
42～52	55～80	42～48	40～45	70～75

从冶炼的热平衡分析, 在传统的炼铜方法中, 由于没有充分利用铜精矿自身的热能, 需要大量热能来补充过程中热的损失, 即便现代炼铜法中, 当富氧浓度未超过 50% 时, 也需要补充相当多的热能, 这是因为对一定成分的炉料而言, 其反应热值及理论需氧量可认为是一常数（一般铜精矿生产含铜为 40%～60% 的铜锍时, 反应的净热值为 2500～3000kJ/kg 精矿）, 要减少外来补热, 就必须减少热的支出, 而最能大幅度降低热支出的就是提高富氧度, 减少废气量, 降低烟气带走热的损失。燃料燃烧热与烟气带走的热在热平衡中的比例见表 3-23。

表 3-23　燃料燃烧热与烟气带走热在热平衡中的比例

炉型	热平衡中燃烧热的比例/%	配煤率	烟气带走的热所占比例/%
三菱熔炼炉	23.29	—	32.24
	35.12	3.07	36.07
艾萨炉	38.52	4.18	48.70
	34.93	3.21	49.23
	38.39	3.63	50.38
大冶诺兰达炉	38.53	—	46.38
白银炉	36.59	3.30	48.84
	41.89	—	47.66
金昌奥斯麦特	47.18	7.07	37.98
底吹炉	0	0	23.65
瓦纽科夫炉	31.57	—	31.71

在富氧熔炼过程中, 氧浓、氧压是非常重要的指标, 而提高氧浓, 则是大幅度提高熔炼指标的重要途径。在诸多铜熔炼方法中, 都将使用富氧和逐步提高氧浓作为技术改进的首选措施, 此法已被众多事实所证明。但的确有一些冶炼工艺在提高氧浓方面受到限制, 它们在提高氧浓的同时, 也带来难以解决的副作用, 如顶吹熔炼和侧吹熔炼由于受到风口材料的限制, 富氧浓度只能达到 40%～50%。

底吹炉熔炼工艺和诸多方法不同的是, 采用双层套管氧枪, 外层是通空气,内层是通氧气，而且富氧空气直接喷入冰铜层，纯氧与物料反应剧烈，反应高温区域位于熔体中部，加上高氧压造成熔体搅动剧烈，既不会形成局部高温，也不会触及炉壁，当然，这也是底吹气液相运动轨迹所决定的。而大多数方法中，空气、氧气是在外部预先混合后再送入熔体，由于运动轨迹不同，出现局部高温甚至冲击炉壁，导致炉体损伤从而影响炉龄。

3.7.2　氧压高

　　氧压高，则维持该压力的能耗就会高，底吹熔炼工艺的氧压高达 0.5～0.7MPa，是目前所有冶炼方法中最高的。但是底吹炉氧压维持较高的原因并非是熔体压力大，担心氧枪倒灌，因为即使 2m 深的熔池熔体，设全部熔体比重最高值为 5，其静压头也仅 10m 水柱，仅耗 0.1MPa。采取高氧压的目的是对熔池起到较好的搅拌作用，也给反应过程提供较高的反应动力学条件，实现底吹熔炼的高床能力。采用高氧压的另外一个原因是让高速气流冷却氧枪，有利于氧枪出口处形成"蘑菇头"而保护氧枪。

　　1. 底吹供气压力

　　李诚等[5]分析了底吹供气压力，指出艾萨法顶吹压力约为 0.2MPa，瓦纽科夫法侧吹压力为 0.1～0.2MPa，底吹法底吹氧压为 0.5～0.7MPa。他们在理论分析基础上，求出 p_2/p_1 和折合长度 $1 + 1.167\lambda L/D$（λ 为喷枪中的气流沿管的平均无因次指数；L 为喷枪等截面长度；D 为喷枪等截面的水力学直径；p_1 为喷枪入口处压强）的关系图（图 3-21）。

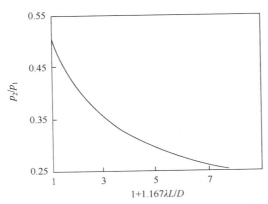

图 3-21　等截面喷管的折合长度 $1+1.167\lambda L/D$ 与双原子气体的无因次临界压强 p_2/p_1 的关系

　　喷枪出口处压强 p_2 计算式为

$$p_2 = p_0 + \rho_{铳}H_{铳}g + \rho_{铳}H_{铳}g + \Delta p \tag{3-1}$$

式中：p_0——当地大气压；

　　　Δp——喷枪出口处过剩压强。

Δp 过小，可能出现熔体倒灌；Δp 过大，可导致熔体喷溅，损坏炉衬，一般控制 Δp 在 45kPa 为适宜。用式（3-1）计算得到底吹试验炉参数：

$$p_2 = 1.7 \times 10^5 \text{Pa} \tag{3-2}$$

$$1 + 1.167\lambda L/D = 3.94 \tag{3-3}$$

由图 3-21 查得 $p_2/p_1 = 0.3125$，故 $p_1 = 5.44 \times 10^5 \text{Pa} = 0.544\text{MPa}$。

该计算值和试验值 0.5～0.7MPa 比较接近，也和转炉高压（0.414MPa）喷射试验时无需捅风眼的结论一致，说明底吹炼铜法中的底吹压力的选择是合适的。

2. "蘑菇头"的形成与压力关系

底吹氧枪头"蘑菇头"的形成是解决底吹喷枪寿命问题的关键。由于冷却空气强烈喷入，其中氮气大量吸热，在喷枪头周围造成一个急冷区，从而使高熔点的 Fe_3O_4 固化，形成"蘑菇头"，保护了喷枪。研究认为"蘑菇头"的半径 R 与吹入流量的平方根成正比，而喷枪流量和底吹压力成正比。因此，较大的底吹压力有助于"蘑菇头"的形成，这也是底吹炉保持 0.4～0.6MPa 高压力的一个原因。

3. 炉底喷枪区的炉衬的损耗

炉底喷枪区炉衬是易损区，由于气流射向熔池，气泡后坐力会产生非连续的反向冲击而造成炉衬耐火材料的破坏。但是冲击频率取决于底吹压力，随着底吹压力的增大，冲击频率明显降低。方圆底吹熔炼炉采用双层套筒式喷枪，环缝的空气压力高于内管的氧气压力，空气流速也高，不仅保护了内管，而且气泡后坐力也较小。方圆底吹炼铜法中，空气压力高于氧气压力的设计是合理的，而且应注意空气比不能过小。

3.7.3　氧枪寿命长

1. 底吹炉氧枪寿命长的原因

氧枪是底吹熔炼炉至关重要的部件，它的使用情况直接影响生产效率，为此，各冶炼企业都在努力寻求延长氧枪使用寿命的方法。方圆集团通过加强如下几点达到延长氧枪使用寿命的效果。通过半工业试验和工业生产的长期总结，氧枪使用寿命长达 5000h。

（1）氧枪分内外两层，外层压缩空气以很好地保护氧枪。方圆底吹氧枪断面如图 3-22 所示。氧气底吹炼铜法使用的是槽缝式双层套管氧枪，内管通氧气，外管通压缩空气，用以冷却保护氧枪。槽缝式多层套管氧枪实质上是一种微孔集束和槽缝相结合的结构。集束微孔走氧气、槽缝走冷却介质。

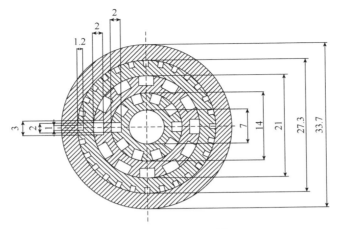

图 3-22 方圆底吹氧枪断面图（mm）

（2）保持气体"射流"喷出，氧枪周围压力稳定，无气泡后坐力影响。底吹气体的流出行为是两种基本状态，一是"气泡"喷出，二是"射流"喷出。两者的分界是出口气流马赫数约为 1。当出口气流马赫数小于 1 时，气流以气泡形式流出喷嘴，将引起喷嘴出口处压力脉动，易造成熔液倒灌堵塞喷嘴，喷嘴及周围耐火砖蚀损加快。当出口气流马赫数等于或无限接近 1 时，气流以气柱状态流出喷嘴，气柱深入熔池一定高度才被破断成气泡，熔池熔液压力变化不影响喷口，喷枪内的气体流动稳定，喷嘴及周围耐火砖蚀损缓慢。

（3）调节控制氧枪周围形成保护性"蘑菇头"。方圆集团曾做过一系列关于氧压的试验。当炉前氧压为 0.25MPa 时，仍不会发生倒灌，但冶金反应过程不理想。当氧压达到 0.45MPa 时，在氧枪出口处会形成"蘑菇头"（图 3-23），可以很好地起到保护氧枪的作用。

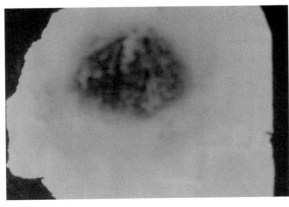

图 3-23 "蘑菇头"形貌

工业化试验更加验证了"蘑菇头"对氧枪的保护作用。在生产过程中，研究者还摸索出了通过调节相关技术，以便控制"蘑菇头"大小的方法，从而更好、更灵活地服务于生产。氧压大小、氧浓高低等工艺条件，与"蘑菇头"的大小有一定的函数关系。

2. 氧枪出口"蘑菇头"的利弊和生成条件

由于高速气流的冷却作用，当氧枪出口端面和周围耐火砖温度低于熔液固相温度，熔液同氧枪端部接触，固化过程便开始，结瘤逐渐生长，导致氧枪逐渐堵塞。这是鼓风炉、诺兰达炉、P-S 炉等必须有定期通风口作业的原因。这是不利的方面。

一般的氧枪喷出的是工业氧气。氧气除了能够与碳、硫、磷等易燃烧物质起反应外，还能与铁、铅等金属起反应。这些物质在着火点温度条件下与氧气接触，就可能燃烧，所以氧枪不结瘤，这也是单层氧枪容易蚀损，使用寿命短的原因。如果氧枪采用双层结构，氧气通道的外围高速流过惰性气体或空气，不仅能强化冷却氧枪，而且在流出氧枪之后，氧气外围有一层惰性气体或空气遮护，阻隔氧气和熔液直接接触，从而对氧枪起保护作用，使之蚀损缓慢，延长使用寿命。但这种保护作用是有限的，于是人们根据氧枪结瘤的机理，采取对氧枪强化冷却措施，包括增加冷却气体流量等，造成结瘤的条件，生成结瘤，该结瘤习惯上称为"蘑菇头"。"蘑菇头"使氧枪端头及其四周耐火砖与熔液隔开，更有效地保护了氧枪及其四周耐火砖，大大延长了氧枪使用寿命。方圆集团底吹炉氧枪寿命达到4000～5000h，主要得益于"蘑菇头"。由于氧气作用，这种"蘑菇头"与鼓空气或低氧浓气体风口结瘤不一样，它不堵塞氧枪，因为"蘑菇头"不是板结的，而是疏松的，可以透气；但仍会略影响供气性能，所以氧气氧枪在工作中要视供气参数变化而进行调节操作，以保证按工艺需要通畅供氧。这是有利的方面。

3. 氧枪蚀损的机理

氧气底吹炼铜法研究开发过程中，研究者曾对氧枪的工作温度与冷却强度的关系做过测定，测定结果如图 3-24 所示。

以上的测定和计算至少说明两点：

（1）底吹氧枪是在高温熔池下工作，尽管有氧气和保护介质的自冷作用，氧枪端头的温度仍然很高。转炉炼钢熔池温度为 1600～1700℃，氧枪端头温度达到900～1100℃；有色金属熔炼熔池温度为 1000～1350℃，氧枪端头温度也能达到1200℃。

（2）要降低氧枪端头的温度，必须有冷却介质通入氧枪，冷却介质流量与氧气流量比值是氧枪诸技术参数中一个重要参数。

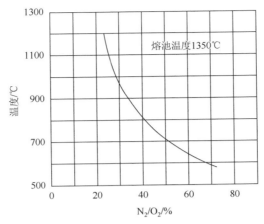

图 3-24　氧枪距离 4mm 处温度与 N_2/O_2 之间的关系

ⅰ）氧枪蚀损的主因是烧损。氧枪一般采用耐热不锈钢制作，材料的主要成分是 Fe，还有 Cr、Ni 等成分。Fe 与氧气接触，发生反应：$3Fe+2O_2 \Longrightarrow Fe_3O_4$，每千克 Fe 放热 6.61MJ/kg；或 $Fe+1/2O_2 \Longrightarrow FeO$，每千克 Fe 放热 4.85MJ/kg。当环境温度达到 1000℃ 以上时，反应剧烈，变成燃烧过程。其他成分在 1000℃ 以上的条件与氧气接触也产生氧化反应，甚至燃烧熔化。

氧枪喷出的氧气，深入熔体，熔体中的 S、C、Fe、FeS、Pb、PbS、ZnS 等元素或化合物与氧发生氧化反应，生成 SO_2、CO、CO_2、Fe_3O_4、PbO、ZnO 等，这些反应一般都是放热反应。这些放热反应是熔炼过程主要热量来源，使过程得以实现，但同时也使氧枪出口端头生成高温球团。

如果氧枪冷却保护不善，高温球团又紧靠氧枪端口，那么氧枪就逐渐被烧损。氧枪四周耐火砖也跟着被烧损，在"射流"喷出情况下，烧损区直径一般为氧枪直径的 10 倍左右。在"气泡"喷击情况下，耐火砖烧损区直径可达氧枪直径的 20 倍以上。这种情况与氧气底吹炼铜实际相符。以上证明：烧损是氧枪蚀损的主因。

ⅱ）氧枪蚀损的次因是气泡后坐。氧枪出来的射流破断成气泡时，对氧枪构成反击的现象称为气泡后坐。用压力传感器和高速摄影法观察到，喷入气体分散成小气泡时，残余气袋在距氧枪直径两倍远处，受到液体的挤压而断裂，气相内产生回流压向氧枪端面。气泡后坐频率相当大，可达每秒 5～7 次。李运洲曾用底吹氧枪测定和分析，认为后坐反推力包括射流的反作用力和后坐力两部分，实际后坐力只有 9.81～23.5N/cm^2（0.1～0.24kgf/cm^2），反作用力则与氧枪出口气体压力有关，但后坐的氧化性气体对炉衬有很大的破坏作用。在有色金属硫化物熔体和熔渣介质的侵蚀中这个问题更为明显。这种情况在氧气底吹炼铅实践中很典型。

氧枪与其四周的耐火砖是唇齿相依、一损俱损的关系。氧枪先烧损，凹下去的氧枪氧气烧坏耐火砖；耐火砖先被气泡后坐力和射流反作用力或熔体介质侵蚀，氧枪则被暴露，加快蚀损。

iii）氧枪蚀损速度。①氧气顶吹复吹转炉炼钢底吹供气元件蚀损速度，根据 1995 年资料：宝钢透气砖的平均蚀损速率为 0.4mm/h；鞍钢透气砖的平均蚀损速率为 0.5～0.7mm/h；攀钢透气砖的平均蚀损速率为 0.4～0.5mm/h。②氧气底吹炼铅氧枪的平均蚀损速率为 0.30～0.35mm/h。③氧气底吹炼铜氧枪的平均蚀损速率为 0.02～0.03mm/h。

3.7.4　作业条件

作业条件好包括无粉尘、无烟害、无噪声。

底吹炉密闭性好，炉顶加料口容易维持负压，同时可采用气封措施，能有效防止烟气外逸。另一方面，由于送入炉内的富氧浓度高达 75%，烟气体积小，二氧化硫浓度高，控制炉子的负压较高（−50～−200Pa），保证了炉子内的烟气与尘埃不外溢。而且由于入炉矿料不需要干燥，含水 8% 左右即可入炉生产，有效地避免了粉尘的飘散。

气体从炉体底部喷入冰铜层中，气泡顺势而上具有"气泵"作用，随着气泡上浮能量逐渐消失，所以无噪声，是目前有关有色金属冶炼中噪声最低的环保工艺。

与采用侧吹工艺的诺兰达工艺相比，氧气底吹熔炼工艺不需要通风口等操作，与采用顶吹的艾萨和奥斯麦特工艺相比，氧气底吹熔炼工艺没有频繁更换氧枪的操作，大大降低工人劳动强度。而且整套底吹炉操作系统（如加料、送氧控制）均采用了 DCS 控制，自动化程度较高，可实现自动放渣放铜等操作，生产控制直观、简便，工人劳动强度低。

3.7.5　生产规模能大能小

氧气底吹铜熔炼的主设备底吹炉具有的一大优势是产能可大可小，调节范围大。当底吹炉规格一定时，实际处理料量的能力可在设计值基础上有 ±50% 的波动范围。在最初设计时，大、中、小型冶炼厂，即从年产 1 万吨到 40 万吨的粗铜企业，可依据自身情况设计不同大小的炉子。这是从国外引进的工艺技术所无法比拟的优势。

3.7.6　处理杂料能力强

利用该项工艺技术，不仅能处理铜、金、银等精矿，还可以处理低品位铜矿和复杂的多金属矿以及含金、银高的贵金属伴生矿，甚至垃圾矿都能用该工艺设备高效处理，实现资源的综合利用。原料的来源广，大大拓宽了企业的原料供应渠道，显著提高矿产资源利用率。方圆集团已经处理过的矿种有：高硫铜精矿、低硫铜精矿、氧化矿、金精矿、银精矿、高砷矿、块矿等，产地遍布世界各地。实践证明，对于其他的炼铜工艺不好处理的复杂矿料，底吹炉都能处理，不仅铜的回收率达到 98.5%，金、银等贵金属的回收率也都超过 98%。

底吹炉能够处理复杂多金属复杂矿，源于其良好的动力学和热力学条件，氧气从底吹炉炉底直接吹入冰铜层，炉内形成气、液、固三相乳浊液，搅拌均匀、反应迅速，且气泡停留时间长。顶吹混匀时间为 90～120s，底吹仅为 10～20s。底吹熔池熔炼吹冰铜的优越性是明显的，在强制对流循环条件下表示热传递特征的是努塞特（Nusselt）数。据文献报道，侧吹的诺兰达炉为 38.7，而底吹熔炼炉为 168，是侧吹的 4 倍，可见其传热条件好。底吹的传质条件好，侧吹的诺兰达炉传质速度为 $1.59Nm^3O_2/(m^3 \cdot s)$，而底吹熔炼炉为 $3.77Nm^3O_2/(m^3 \cdot s)$，是侧吹的 2.4 倍。显然它的液相与气相有较大的接触面积、较长的接触时间，又有很好的流体动力学条件。因此本工艺具有较高的熔炼强度。氧气在底吹炉底部高速搅动，使铜锍不断反复冲洗精矿，提高了多金属捕集率。

3.7.7　不易造成喷炉

喷炉是一种严重的生产事故，发生喷炉时，高温熔体突然从炉口及加料口等处涌出，严重危及炉体周围的人身与设备安全。

1. 喷炉的原因

（1）低冰铜液面。如果冰铜液面过低，风容易吹进渣层，使炉渣中的 Fe_3O_4 含量升高，黏度增大，气体的穿透性能降低，在大量的气体难于穿透熔体排出的情况下，会导致喷炉。

（2）冰铜与炉渣分离不清。如果冰铜与炉渣分离不清并持续超过了合理的范围（如果此时冰铜面较低，情况更糟糕），继续熔炼可能会引起喷炉。

（3）渣层影响。当渣层过厚、渣温低、炉渣黏度过大或有未融化的炉料在炉内堆积，从风眼鼓入的富氧空气难于透过渣层，压力上升，造成炉内熔体喷出。这种情况在 P-S 转炉作业中经常见到。

（4）化学喷炉。这种情况特别容易发生在 P-S 转炉中，当把冰铜加入含有氧化铜的高氧化渣炉内时，冰铜中的硫化物和渣中的氧化物之间发生剧烈的反应，引起喷炉，一般来说这种喷炉不易发生在熔炼炉内，但是当往炉内加入热冰铜时应注意炉内的渣型。

气体与熔池的相互作用，形成了气-熔渣-金属液密切混合的三相乳化液。分散在炉渣中的小气泡的总体积，往往超过熔渣本身的体积。熔渣成为薄膜，将气泡包住并使其隔开，引起熔渣发泡膨胀，形成泡沫渣。

2. 造锍熔炼过程中 Fe_3O_4 的形成[6]

铜熔炼过程中导致形成泡沫渣喷炉的主要原因是炉内形成大量黏度较大、熔点较高的Fe_3O_4。所以生产中如何避免或尽量减少Fe_3O_4的生成是避免喷炉的主要途径。

磁性氧化铁的行为是炼铜的主要问题之一。在较高氧势和较低温度下，固体Fe_3O_4会从炉渣中析出。固体Fe_3O_4、铜锍和炉渣三相之间的平衡关系，可以用以下反应式作为讨论的基础：

$$3Fe_3O_{4(固)} + FeS_{(液)} \Longrightarrow 10FeO_{(液)} + SO_2$$

这一反应式表明，在 FeS 的活度较大、FeO 活度较小以及 SO_2 的分压较低的条件下，Fe_3O_4可被还原造渣。特别重要的是 FeO 的活度，因为平衡常数与其 10 次方成正比。而 FeO 的活度一般是通过加入 SiO_2 来调整。所以在铜熔炼过程中，造 SiO_2 高或 SiO_2 接近饱和的硅酸盐炉渣是合适的。在 SiO_2 饱和与 101kPa SO_2 压力下，铜熔炼的相平衡关系图如图 3-25 所示。

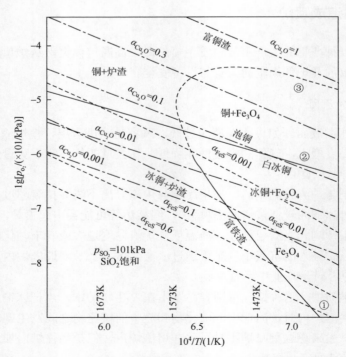

图 3-25　SiO_2 饱和与 101kPa SO_2 压力下铜熔炼的相平衡关系

　　当 SO_2 压力低于 101kPa 时，Cu-Cu_2S 的平衡线②以及铜锍中的 FeS 的活度 α_{FeS} 曲线，将向低氧势方向移动。当熔炼在 SiO_2 不饱和的炉渣下进行时，Fe_3O_4 析出的曲线①将向高温方向移动。在低氧势下，析出的 Fe_3O_4 是较纯的，当氧势提高以后，特别是有金属铜相平衡的条件下，析出的 Fe_3O_4 将含有大量的铜，即析出了 Cu_2O-Fe_2O_3 固相。

　　从图 3-26 可以看出，温度降低，铜锍品位升高，炉渣中 SiO_2 添加较少，均有利于 Fe_3O_4 的生成。

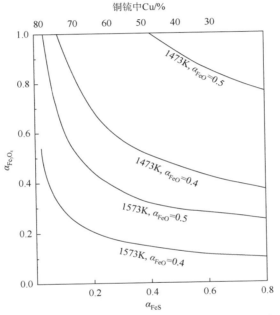

图 3-26　铜锍中的 α_{FeS} 及 Cu 含量与炉渣中 $\alpha_{Fe_3O_4}$ 的关系

　　在造锍熔炼中和锍的吹炼转炉中，由于 Fe_3O_4 固相的析出，难熔结垢物的产生是常见的现象。如反射炉炉底的积铁、转炉口和闪速炉上升烟道的结疤、炉渣的黏度增大和熔点升高、渣含铜升高等许多冶炼问题，都可以采取上述措施通过降低 Fe_3O_4 的活度，来消除或减少这些事故。

　　图 3-26 表明，当铜锍品位提高到近于白铜锍（80%Cu）时，Fe_3O_4 显著升高。S-O 化学势图上也已表明，这是平衡氧压显著升高所致。所以在常规熔炼方法中，造锍熔炼阶段只产出含铜 40%～60%的铜锍，最高不宜超过 70%（图 3-26），这样可以得到 Fe_3O_4 和铜含量均低的炉渣。而方圆集团底吹熔炼方法造锍阶段产生的铜锍品味不低于 73%，渣含铜并未增加。在铜锍吹炼阶段，由于氧压显著升高，进入转炉渣的铜和 Fe_3O_4 的含量会显著增加。

与侧吹、顶吹采用氧气直接吹入渣层相比，方圆底吹工艺的氧气从熔池底部吹入冰铜层。氧气吹渣层很容易与氧化物渣层发生过氧化反应，产生高熔点渣，使熔渣黏度增大，增大泡沫渣、喷炉风险。而氧气底吹工艺由于氧气吹入冰铜层，氧气与冰铜里的硫化物反应，再将氧气传递给新入炉矿料。在冰铜层大量氧气消耗。并且氧气从熔池底部到渣层，行为路程变长。

由于底吹熔炼吹的是冰铜层，冰铜的黏度远低于熔渣，所以它的雷诺数、修正的弗劳德数都比较高，说明炉内熔体的流体力学状态要比顶吹、侧吹优越得多。较高的弗劳德数使底吹熔炼有着较高的传质效率。氧气在冰铜层中反应量大，进入渣层后氧气分压变小，可防止渣层过氧化产生大量四氧化三铁而使熔渣变黏。另外，由于枪口位于熔池底部，以及弗劳德数较高，氧气在向熔池顶部运动的过程中，产生的膨胀作用增强，范围变大，使表面张力较大、密度较小的熔渣向远离反应中心的边缘运动，加上剧烈的搅拌、喷溅作用，难以形成连续渣层。

底吹炉凭借其良好的动力学搅拌条件，不断有矿料加入炉内，熔体的迅速搅拌及反复冲刷，使矿料中的 FeS 及时与生成的磁性铁发生反应，将其还原，大大减少了 Fe_3O_4 的生成。

方圆集团试生产阶段，为了防止泡沫渣的产生，曾严格控制各项工艺参数，只生产含 Cu 在 40%～45%的低品位冰铜，低 Fe/SiO_2 比的炉渣[7]。加料口准备有碎煤，以备不时之需。但随着生产实践的深入，当冰铜品位提高到≥73%，Fe/SiO_2 比高达 2.0～2.2 时，并没有产生泡沫渣。这就表明，氧气底吹吹的是冰铜层，而因为总有 FeS 存在，就不会产生过量的 Fe_3O_4，也就不易产生泡沫渣。

3.7.8　氧气、空气分别送入炉内

底吹工艺用的氧气和空气量比例是 1∶0.5，氧气和空气通过氧枪分内外两层喷入炉内，氧气和空气不经过预先混合，纯氧气体与冰铜接触的反应迅速剧烈，放热速度快。而其他冶炼工艺一般在气体入炉前都设有混氧装置，氧气和空气在炉外预先混合之后再通入炉内，这与其工艺条件有关，如果氧浓太高，会造成其局部反应剧烈从而导致温度升高，减少炉体寿命。而底吹工艺的氧气、空气分内外两层通入炉内，空气起到很好的冷却保护氧枪的作用，而且氧气吹入冰铜层，反应区域在熔体中部，不会造成炉衬局部温度过高的危险。

3.7.9　渣含铜低

与诺兰达炼铜工艺的炉渣与铜锍分离方式相同，底吹炉炉渣与铜锍在炉内实现分离。炉渣与铜锍在炉内通过自然沉淀后分别通过放铜口和放渣口排出，由于

底吹炉和诺兰达炉炉内都无隔墙，严格意义上的沉淀区很短，造成炉渣含铜较有隔墙的炼铜工艺（白银炉法、瓦纽科夫法）或者铜锍炉渣炉外分离的炼铜工艺相比（奥斯麦特法/艾萨法、三菱法）渣含铜较高，尽管如此，底吹炉炉渣渣含铜能够控制在 2.5%～3%（诺兰达工艺渣含铜约 4%～6%），在炉内分离的冶炼工艺中，控制渣含铜较低，炉内分离的优点是可处理量大，不受后续渣贫化炉工艺的限制，炉渣与铜锍在炉内短暂沉淀后即可排出。

3.7.10 生产操作简单

底吹炉工艺操作较其他冶炼工艺简单得多，底吹炉炉料在备料车间经过简单的仓配和堆配之后，不需干燥便可直接入炉，省掉了炉料干燥、制粒等工序。炉料经皮带传输至底吹炉上方的储料仓中，经计量后从底吹炉上方加料口依靠重力落入炉内，无需抛料（如诺兰达炉）或喷吹（如闪速熔炼）操作，简单易行。底吹工艺氧枪在炉体底部，氧枪出口处形成特殊的"蘑菇头"保护结构，无需频繁的通风眼操作。放渣口、放铜口都设有开孔机和泥炮机，进行自动的开孔和堵孔操作，无需人工直接打孔。对于关键工艺参数如氧料比、熔体温度、冰铜品位、炉渣铁硅比等的控制，采用了 DCS 控制系统，自动化程度较高，生产控制直观、简便。

3.7.11 耗氧量低

底吹熔炼工艺耗氧量低，其主要原因有两方面：一是底吹炉氧气从炉底喷入冰铜层，氧气利用率高，高氧浓氧气与冰铜反应迅速，底吹炉氧气利用率可达100%。二是底吹炉实现了无碳自热熔炼，做到了熔炼过程中不配煤，减少了耗氧量。任何熔炼工艺过程中物料反应的理论耗氧量是定量的，无法改变，所以提高氧气的利用率以及减少其他辅料的耗氧，是底吹炉耗氧量低的主要因素。

3.7.12 烟气量小，环保条件好

底吹熔炼工艺烟气量较其他冶炼工艺要小得多，其主要原因可以归结为：一是采用富氧浓度高的气体进行熔炼，产生的烟气量小；二是底吹工艺实现自热不配煤，也可以减少生成的烟气量。与其他冶炼工艺相比，底吹工艺烟气量比其他工艺烟气量要少 30%～40%。烟气量少的一个好处是可以提高 SO_2 浓度，便于制酸，同时也可使炉内形成微负压的环境，防止烟气外溢，环保条件好。

当然，目前底吹炉烟气量并没有降低到最小，由于矿料没有经过干燥，矿料中水分在烟气中以水蒸气形式存在，大大增加了烟气量，造成热损失严重，如果

底吹工艺物料经过预处理干燥之后，烟气量将大大减少，更有利于熔炼过程的自热。所以底吹工艺还具有很大的改进潜力。

3.7.13　炉内存在不同的氧势区域

在现代的铜造锍熔炼炉中，通常没有明显的氧势强弱差别区域。而氧气底吹熔炼炉，氧气从下部的冰铜层吹入，随着上浮，氧不断反应生成 SO_2，矿料是从上部连续地加入熔体表面，因而在熔体下部的气相，氧浓较高，SO_2 浓度则较低。随着气体在熔体中不断上浮，氧浓逐渐降低，SO_2 浓度则逐渐升高，其浓度随熔体深度 h 变化的关系如图 3-27 所示[15]。但由于炉内有较强烈的搅拌，氧浓度的变化与 h 并不是线性关系，但是可以把熔体分为上、中、下三部分或上、下两部分，即下部氧浓度高，SO_2 浓度低，氧化气氛强；上部氧浓度低，SO_2 浓度高，氧化气氛很弱，甚至顶层具有还原性气氛。氧浓递减，就证明熔体下部是强氧化区，上部则是弱氧化区。因为上部 SO_2 浓度很高，达到 30% 以上，熔体上部的氧势很低，这就导致了渣含四氧化三铁较低，不配煤也不会产生泡沫渣，能保证安全生产。

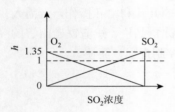

图 3-27　SO_2 浓度随熔体深度变化的关系示意图

3.7.14　铜锍中的硫化亚铜和硫化铁浓度场

随着熔体浓度的变化，铜锍中的硫化亚铜和硫化铁含量也有相应的变化，但硫化亚铜和硫化铁的浓度梯度小于氧的浓度梯度。当铜锍含铜达到 60%～70% 时，铜锍和熔炼渣之间的界面张力急剧升高，影响渣含铜。三菱法的连续吹炼希望熔炼产出的铜锍具有较高的品位，但它多年来仍控制在含铜 68%。而方圆集团的底吹熔炼在 2012 年以来，年平均铜锍品位已经达到 70% 以上，而渣含铜并未升高。其相关数据列于表 3-24。

表 3-24　年平均铜锍含铜与熔炼渣含铜

序号	年份	铜锍含铜/%	熔炼渣含铜/%
1	2010	59.08	3.13
2	2011	63.29	2.89
3	2012	69.91	2.62
4	2013	72.84	2.99
5	2014	73.25	2.97
6	2015	73.38	2.81
7	2016	73.56	2.63

底吹炉内熔体自上层至底层，铜锍含铜存在递增浓度梯度（而铜锍含铁则为递减浓度梯度），这种浓度梯度有利于降低熔炼渣含铜量。从表 3-24 数据可见，产出的铜锍品位虽然有显著的提高，但是并没有造成熔炼渣含铜明显上升，这是由于和熔炼渣接触的铜锍品位不高（小于 60%）。智利特尼恩特侧吹炉产出的铜锍含铜 71%，熔炼渣含铜则高达 8%[16]。这就是由于它不存在铜锍含铜的浓度梯度，和熔炼渣相接触的就是高品位铜锍，二者相平衡必然导致该结果。长期的生产实践数据表明，方圆集团渣含铜在 3%左右，这是因为与炉渣相平衡的不是高品位铜锍，而在熔炼上层区氧势是很低的，渣含四氧化三铁也不高，二者导致熔炼渣含铜在 3%左右[17, 18]。

3.7.15　过程的温度场

炉内熔体底部铜锍温度高于炉渣温度，渣温略高于炉内烟气温度，这是一个从上部到下部温度递升的温度梯度场。由于该过程不是靠燃料燃烧加热熔体，而是靠熔体内部发生化学反应放出的热量维持体系的温度，这就造成该工艺的温度场与其他常规工艺的区别。在生产中对温度进行测定，在放渣口测量炉渣温度为 1074℃，在放锍口测量放出铜锍温度为 1184℃。烟气浓度略低于炉渣温度，这是自下而上从渣面排出的炽热烟气遇到了从炉顶加进的常温炉料，通过热交换造成的。这样的温度场也是底吹工艺能源消耗较低的原因之一。

参 考 文 献

[1]　蒋继穆，申殿邦. 底吹连续炼铜工艺构想[J]. 资源再生，2009，(5)：50-51.

[2]　崔志祥，申殿邦，王智，等. 高富氧底吹熔池炼铜新工艺[J]. 有色金属（冶炼部分），2010，(3)：17-20.

[3]　崔志祥，申殿邦，王智，等. 富氧底吹熔池炼铜的理论与实践[J]. 中国有色冶金，2010，12 (6)：21-26.

[4]　崔志祥，申殿邦，王智，等. 氧气底吹炼铜过程熔体的流动特性[J]. 世界有色金属，2013，(9)：36-39.

[5]　李诚，江传瑜. 底吹熔池熔炼特性及水口山炼铜法的工业化前景[J]. 有色冶炼，1997，(4)：28-32.

[6]　朱祖泽，贺家齐. 现代铜冶金学[M]. 北京：科学出版社，2003.

[7]　崔志祥，申殿邦，王智，等. 低碳经济与氧气底吹熔池炼铜新工艺[J]. 有色冶金节能，2011，2 (1)：17-20.

[8]　李卫民. 铜吹炼技术的进展[J]. 云南冶金，2008，37 (5)：24-28.

[9]　陈莉. 我国铜冶炼生产现状及发展趋势[J]. 有色冶炼，1998，(8)：31-34，45.

[10]　李春棠. 铜冶炼技术的历史变迁[J]. 资源再生，2009，(6)：34-36.

[11]　陈汉春. 闪速熔炼的现状与进展[J]. 有色冶炼，1997，(2)：1-7.

[12]　姚素平. 我国铜冶炼技术的进步[J]. 中国有色冶金，2004，(1)：1-4，31.

[13]　王盛琪. 我国第一座引进富氧熔池熔炼技术的工厂——大冶冶炼厂冶炼技术改造概况[J]. 有色冶炼，1999，28 (5)：6-8，23.

[14]　李新财，丁朝模. 火法炼铜的进展及加强自主开发铜冶金工艺的建议[J]. 矿冶，1995，4 (4)：72-77，66.

[15]　Alex Meyanno. The Teniente Converter—A High Smelting Rate and Versatile Reactor[J]. Proceedings of Copper，2010：1013-1023.

[16]　蒋继穆. 采用氧气底吹炉连续炼铜新工艺及其装置[J]. 中国金属通报，2008，（17）：29-31.

[17]　山东东营方圆有色金属有限公司，中国恩菲工程技术有限公司. 氧气底吹熔炼多金属捕集技术的产业化实践[J]. 资源再生，2009，（11）：46-49.

[18]　梁帅表，陈知若. 氧气底吹炼铜技术的应用与发展[J]. 有色冶金节能，2013，29（2）：16-19.

第4章　底吹炉的结构与生产操作

4.1　底吹炉的结构

4.1.1　炉体

炉体包括炉壳与炉衬。

1. 炉壳

氧气底吹熔炼炉与诺兰达炉类似，设有熔炼反应区和铜锍/渣沉降分离区。在反应区的炉体底部布置有氧枪，上部设有加料口，在该区完成物料与氧气的气、固、液三相高强度反应的熔炼过程；在炉体的另一段相对较为平静，为铜锍与渣的分离创造条件，在该区炉体底部设铜锍放出口，上部设出烟口，端部设放渣口。卧式旋转炉体的分区设计实现了单炉完成熔炼反应和铜锍/渣分离，可分别放出铜锍和熔炼渣。

如图4-1所示，该炉是一个卧式圆筒形转动炉，两端采用封头形式，结构紧

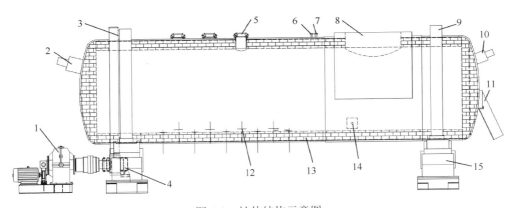

图 4-1　炉体结构示意图

1-传动装置；2-主烧嘴；3-固定端滚圈；4-固定端托轮装置；5-加料口；6-探测口；7-测温口；8-烟道口；9-滑动端滚圈；10-辅助烧嘴；11-放渣口；12-氧枪；13-炉衬；14-放铜口；15-滑动端托轮装置

凑[1, 2]。在炉体的吹炼区下部可安装 9 支氧枪，分两排，呈 15°夹角布置。在炉顶部的氧枪区域设有三个水冷加料孔，其中心线与氧枪中心错开，位于两只氧枪水平位置的中间。在熔炼区一侧的端面上安装 1 台主燃烧器，用于开炉烘炉、化料和生产过程中补热。在炉体的另一端端面上，可安装一支辅助烧嘴，需要时用于熔化由锅炉掉入熔体的结块，提高熔渣温度。在此端面上设有放渣口，炉渣由此放出，经过溜槽进入渣包。放出口在沉淀区下部靠近后一侧，采用打眼放铳方式，铳放入包子，送转炉吹炼。烟气出口设在炉尾部的上方，热烟气的流动方向与炉渣、铜铳流动方向一致，烟气出口垂直向上，与余热锅炉的上升段保持一致。

2. 炉衬

底吹炉炉衬主要采用优质镁铬砖砌筑，包括直接结合镁铬砖和熔铸镁铬砖，其中炉体大部分采用直接结合镁铬砖，占 90%以上。熔铸镁铬砖耐磨、耐侵蚀和机械冲刷，但耐急冷急热性差，而且价格昂贵，仅在加料口、探测口、测温测压口、主辅烧嘴、烟道口等部位采用熔铸镁铬砖，以便延长炉体使用寿命。在其他特殊部位均采用不同砖型以针对性保护该区域，如冰铜口采用组合砖，渣口采用竖楔形砖，氧枪采用特殊结构枪口砖，其材质和性能更好，可以延长氧枪寿命和枪口区砖体的寿命。对于冰铜放出口、炉渣放出口以及烟气出口处等易损坏部位，设置水套保护，保证其使用寿命。

炉衬砌筑施工要求严格，主要技术要求如下：

（1）所用耐火砖必须防潮。

（2）端墙和孔洞处的砖湿砌，砖缝小于 1.5mm。

（3）炉身采用干法交错缝砌筑，砖缝错开距离不小于 40mm，必要时允许调整砖缝位置，每层砖的端头条砖的宽度不得小于 40mm。干砌砖缝小于 1mm。

（4）正确留设膨胀缝。炉身纵向每隔三块砖（约 457mm）留 3mm 膨胀缝，径向每隔 5 排砖（约 457mm）留 3mm 膨胀缝，端墙水平方向每隔 3 块砖（约 457mm）留 3mm 膨胀缝，垂直方向不留膨胀缝，所有膨胀缝内填放膨胀板或易燃纸板。

（5）砖与炉壳之间的间隙为 51mm，用镁砂填充。

底吹炉升温烘炉的好坏，直接影响炉衬的使用寿命。目前烘炉升温主要用的是柴油，用木柴或焦炭将炉温升至 200℃以上，即可采用主燃烧嘴和辅助燃烧嘴进行烘炉升温。烘炉必须按照事先制定的升温曲线和有关要求进行，底吹炉烘炉升温曲线如图 4-2 所示。

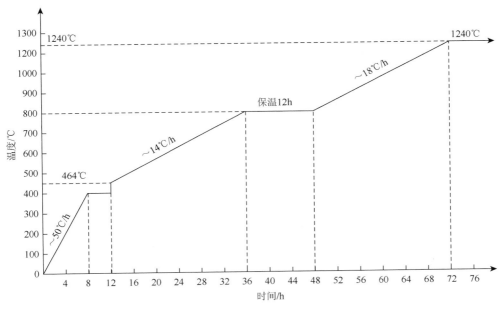

图 4-2　底吹炉烘炉升温曲线

4.1.2　驱动装置

　　底吹炉圆筒形的炉体通过两个滚圈支承在两组托轮上，在生产过程中炉体通过传动装置，拨动固定在滚圈上的大齿圈，可以做 360°的转动，当某一生产环节发生问题，如需停风、保温或更换氧枪时，需要及时转动炉体把氧枪转到液面以上，避免氧枪被熔体灌死，转动角度限为 83°，氧枪从工作位置到转出熔体需要40s。传统的传动方式是利用液压缸带动炉体旋转，这种传动的优点是，可以准确地将炉体停止在所要求的位置。液压系统中有一个充氮蓄能器，使液压泵能力减到最小，而在突然停电时，利用蓄能器可自动转动炉体，使风口露出液面。液压缸传动的缺点是炉体转动角度受到限制。近来通常采用机械传动方式，用电动机通过减速器带动小齿轮，小齿轮带动固定在炉壳上的大齿圈使炉体做 360°回转，电机通过变频调速，可以改变炉体转速，这给炉体安装、检修、拆除炉内耐火材料、砌炉等带来了很大的方便。

　　图 4-3 所示为底吹炉机械传动装置[3]，其位于炉体加料口端头，驱动电机及减速器等主要部件均位于炉体外部，在炉体发生事故时，可以保护传动装置不被破坏。该传动装置采用两台电机，正常操作时用交流主电机，一旦发生事故，可迅速切换为直流辅助电机，辅助电机由备用蓄电池供电。

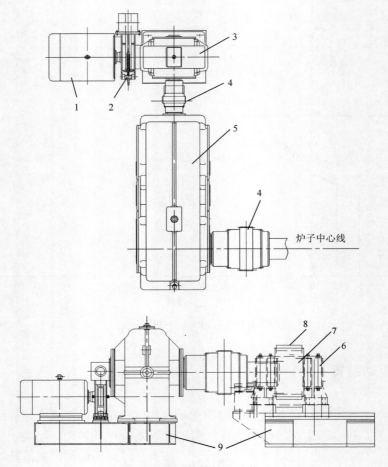

图 4-3　底吹炉机械传动装置

1-交流电动机；2-制动器；3-涡轮减速机；4-联轴器；5-齿轮减速机；6-轴承；7-小齿轮；8-大齿轮；9-底座

4.1.3　加料及排放装置

1. 加料方式的选择

氧气底吹熔炼炉的加料采用抛料方式或是在炉顶设置加料口[4]。采用抛料方式，物料布料均匀，反应速率快，但抛料容易漏料，抛料机的胶带容易损坏，抛料口漏风大，黏结严重，不好清理，并且噪声大。借鉴氧气底吹炼铅的加料方式，在炉顶设置加料口，且在氧枪对应的区域，炉料加入炉内后，与处于强烈翻腾的熔体和氧气接触，在极短的时间内熔化和发生化学反应，在实际生产中没有出现形成料堆的现象，熔池熔炼强度非常大。底吹炉的炉顶加料方式具有漏风小、加料口黏结程度轻且易清理的特点。

　　加料对保证炉子正常生产起着重要的作用,因而必须严格执行加料作业制度。对加料的要求是,严格按厂调度下达料单加料,连续均匀地把炉料加入炉内,要防止断料和加料过多。加料要视炉况好坏而定。要及时清理炉顶下料口的黏结物,清除炉料中的大块杂物,保持下料口畅通。

　　2. 放铜口和放渣口的位置与形式

　　氧气底吹炼铅炉放铅口和放渣口在炉子两端,采用虹吸放铅,氧气底吹炼铜熔炼炉的放铜口和放渣口借鉴了诺兰达炉的排放形式,放渣口在端头,采用扒渣口形式放渣,放铜口在沉降区底部,用泥炮开口机放铜锍。

　　1)放铜口

　　放铜口设在炉体沉降区域,与氧枪在同一侧,采用圆形铜水套,内衬镁铬耐火砖,中间夹层用耐火泥密封(图4-4)。放铜口向下倾斜一定的角度,便于铜锍放出后沿着溜槽进入铜包。一般放铜时人工开口,放完铜锍后用泥炮机堵住铜口。

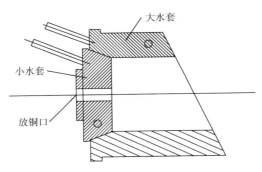

图 4-4　放铜口示意图

　　2)放渣口

　　放渣口设在沉降区端头,是一个长方形的孔洞,放出口的位置和高度应能满足最高渣面和最低渣面放渣的要求。一般渣面波动量为 300mm 左右。渣口是一个砌入端墙的铜水套,且铜水套内层有耐火砖,水套外有一个渣溜槽,放出的炉渣由此流入渣包,缓冷后送选矿厂处理,或者直接流入电炉进行贫化处理。

4.1.4　氧枪结构及其布局

　　1. 氧枪结构[5]

　　氧枪是底吹熔炼炉至关重要的部件,底吹喷嘴内的气体是可压缩性流体。

当喷嘴截面一定时，存在着最大气体流量（对应气流马赫数为1）；当气流受热时，将导致该流量下降，这一现象称为热壅塞现象。热壅塞现象引起底吹喷嘴供气性能变化，进而影响喷嘴寿命。氧枪采用优质不锈钢材质和特殊加工工艺制作，使用寿命较长，超过5000h，但属于自耗式，当氧枪的前段腐蚀、烧损到一定长度，就必须更换喷枪。

氧枪是底吹熔炼炉至关重要的部件。氧枪的基本结构为双层套管，内管通氧气，外管通空气，用以冷却保护氧枪。用于炼铜的喷枪，操作条件合适时，熔炼过程中在氧枪出口周围的黏结物就会形成一个"蘑菇头"，可以保护氧枪和枪口砖，炼铜的氧枪寿命相对比较长。

2. 氧枪的设计与布置角度[6]

一般氧枪在炉底采用单排布置。为了增加熔池熔化强度和产能，也可采用双排布置。采用双排布置不可避免地要选取合适的排列角度。以方圆集团双排氧枪为例，分别呈7°和22°角，直吹冰铜层。

由以上7°、22°氧枪截面的流线图（图4-5）可以看出，射流的主流深入熔液，带动周围熔液流向射流中心，从而在主流的两边形成旋涡；22°氧枪截面的旋涡强度比7°氧枪截面大；在旋涡的作用下，熔池已经被充分搅动，这对熔池熔炼过程是非常有利的。但并不是旋涡的强度越大越好，必须保证气液有足够的混合时间进行反应，同时过大的旋涡会导致严重的喷溅现象和熔池震荡。

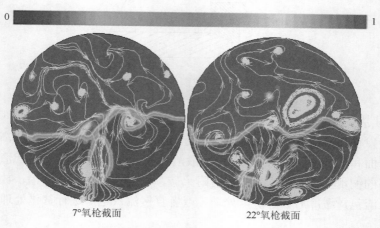

0　　　　　　　　　　　　　　　　　　　　　　　　　　　1

　　　　7°氧枪截面　　　　　　　　　　　　22°氧枪截面

图4-5　气相体积分数及熔炼炉内流线图

7°和22°氧枪压力分布梯度相对均匀，同时，各氧枪之间出现交叉的高低压区。两排氧枪出口存在压力差，增强了熔池的扰动，有利于熔池内部化学反应的进行。同样，过大的压力差会导致熔池震荡和铜锍飞溅到炉墙壁面上。

　　单排氧枪中规中矩，双排氧枪优缺点并存，但是随着产能、床能率等指标的优化提升，双排氧枪将成为一种发展趋势，只要合理应用，将对底吹熔池熔炼提供有力的搅拌动力基础。

3. 氧枪间距

　　有效搅拌区直径为 S（图 4-6）[7]，有效搅拌区的轮廓线在熔池液面上，为其截面速度分布线的拐点。以各高度截面的速度分布拐点与液位深度作图，可得最低搅拌范围的边界曲线，将此曲线延伸至液面，可得有效搅拌区直径 S。

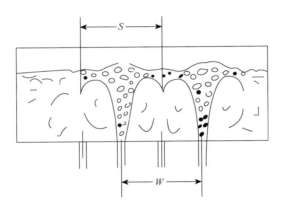

图 4-6　有效搅拌区直径示意图

　　蔡志鹏等[8]提出了确定氧枪之间距离的方程式

$$S/W = 26.24(W/d)^{-0.629}(Fr')^{0.122}(H/D)^{0.523} \tag{4-1}$$

式中，S——单支氧枪有效搅拌范围直径；

　　　　W——同排氧枪间距；

　　　　d——氧枪喷嘴直径；

　　　　H——熔池深度；

　　　　D——底吹炉内径；

　　　　Fr'——修正的弗劳德数。

　　当取 $S/W>1$ 时，说明搅拌直径大，部分流动相互干扰，且部分严重冲刷炉衬；一般取 $S/W=1$，当生产中取 S/W 略小于 1 时，有利于炉壁挂渣。

4.2　底吹炉生产操作

　　底吹熔炼生产操作岗位主要分为三部分：备料工段、底吹工段、余热收尘工段。而底吹工段又分为：抓斗行车工岗位、配料工岗位、加料工岗位、放铜锍口岗位、放渣口岗位、主控工岗位、卷扬工岗位及烟道清理岗位等。生产中各个岗位整体配合，统一调度，才能保证工作正常有序地进行。

4.2.1　底吹炉开炉

新建或者经过检修的底吹炉的开炉，主要包括：开炉准备、烘炉升温、造熔池等工作。

1. 开炉准备

底吹炉开炉前的准备工作包括：开炉作业技术的制定；生产人员的组织与安排；燃料的准备；各项运转设备的单体试车；各类仪表的调节与检查；在炉内摆放好烘炉所用的木柴等。

具体操作如下：

（1）对炉体各部（包括炉衬、水冷元件、传动装置、加料口、出渣口、氧枪口等）进行检查，确认处于正常状态。

（2）对配料、加料设备进行检查，确认处于正常运转状态。

（3）检查测试水、电、氧、蒸汽、油、风路，确认无堵塞、泄漏现象，开关控制灵敏、准确。

（4）检查测试温度、压力、流量及控制仪表，确认灵敏准确。

（5）对氧枪进行炉外通氧、通空气测试，掌握冷态时的氧枪性能数据。

（6）检查 DCS 的工作状态，各部分是否都能操作控制，能否打印参数。

（7）检查泥炮机、卷扬机是否具备工作条件。

2. 烘炉升温

烘炉升温的好坏，直接影响底吹炉的正常生产和使用寿命。目前，烘炉升温主要用柴油，用木柴或焦炭将炉温升至 200℃ 以上，即可采用主燃烧嘴和辅助燃烧嘴进行烘炉升温。烘炉必须按照事先制定的升温曲线和有关要求进行，底吹炉烘炉升温曲线如图 4-2 所示。

具体准备工作如下：

（1）打开事故烟道阀门。

（2）安装燃烧器，试用燃烧系统，确认系统能正常工作。

（3）各水冷元件通水。

（4）炉内铺柴和木炭，烧少量柴油点火，炉内温度达到 400～500℃ 时开始烧油升温。

（5）升温必须按升温曲线进行，升温曲线如图 4-2 所示。

（6）氧枪在炉温不到 800℃时就安装好，并通入压缩空气（约 0.02MPa）保护氧枪。

3. 造熔池

这是开炉的最后一道工序。工作内容为：向底吹炉内投放冷铜锍（一般铜锍品位为 50%左右）造熔池。

铜锍投放量一般为底吹炉转至正常生产位时，熔池能覆盖氧枪即可。铜锍投放须间断进行，等前批所投铜锍已熔化完成再投下一批，一般 1～2 昼夜即可完成造熔池，待投入铜锍全部熔化，炉温达到 1100℃以上时即可转入正常生产准备操作。具体准备工作如下：

（1）用黄泥掺少许焦粉做成泥团，将出渣口、出锍口堵塞牢靠。

（2）当炉内温度达到 1000℃时，加底渣，每批 4～5t，待熔化后加下一批，熔池深度约为 0.2m。

（3）当底渣全部熔化后，摇动炉子，进行炉内壁挂渣作业。

（4）挂渣后，往炉内分批加铜锍，每批 5t。

（5）铜锍熔化后，此时熔池深度约为 0.55m。形成初始熔池，即可进入准备加料作业。

4.2.2　正常熔炼作业

（1）各作业岗位人员就位，进行全面检查，确认各岗位各种设备处于正常运转或待机状态。

（2）氧枪送氧、送压缩空气，压力为 0.4～0.5MPa。

（3）余热锅炉系统、收尘系统及硫酸系统确认可以接收烟气。

（4）待炉温正常后，停止烧油，卸下燃烧器，封堵烧油孔。

（5）底吹炉转入 0°操作位置，若温度较低，可空吹 1～2min，进行提温，然后由少至多加入炉料（起始料量为 60%负荷），同时调节氧料比，直到正常值。

（6）从探测孔或渣口插钎取样，观测渣锍生成情况及液面厚度，继续调节氧料比。

（7）当熔池深度达到正常生产液位时放渣。

（8）炉渣、冰铜样品及时送检化验，化验结果达到预定值，开炉工作结束，转入正常生产。

（9）余热锅炉、电收尘、制酸车间运行正常后，转入正常熔炼作业。正常熔炼作业应注意观察炉况变化，及时调节工艺参数，使炉况处于最佳状态。

4.2.3　停炉

停炉分计划停炉和事故停炉两种。计划停炉分洗炉、熔体放空和炉体冷却三个步骤。

1. 洗炉

底吹炉属于低氧势炉型，加之底吹搅拌动力较好，炉内无反应死角，不易产生大量的磁铁炉结。仅需在停炉前生产操作控制过程中，适当降低铜锍品位和提高配煤率，还原熔体中产生的少量磁铁和提高温度，确保熔体较好的流动性。

2. 熔体放空

洗炉结束后，即可开始熔体放空工作。放空前需做好以下准备工作：①炉顶中间料仓要基本用完；②做好放空口烧开前的准备工作；③排放炉内的炉渣，将熔体总液面降低至渣口位置高度；④打开铜锍口放铜锍，放至无法放出为止；⑤打开放空口，将剩余熔体全部放出。

3. 炉体冷却

炉体冷却分快速冷却和缓慢冷却两种方式，具体情况需根据炉体检修范围而定（大修、中修、小修）。炉体抢修时，可采用快速冷却方式。即炉内灭火后，继续从鼓风口氧枪送入冷却风，同时可将炉口转至水平位，加轴流风机吹风冷却，以 20～25℃/h 的速度降温，冷却至拆炉；正常检修时，则需缓慢冷却，平均降温速度为 15～20℃/h，然后自然降温至拆炉。炉体冷却总时间根据底吹炉炉型大小决定。

底吹生产过程中如遇紧急事故（如停电、其他辅助设备无法正常运行等），以底吹炉优先转至安全位为前提，然后通知相关单位将底吹炉转出，并通知调度说明原因，做好相应记录。

4.2.4　各主要岗位操作

1. 抓斗行车工岗位

吊车工负责铜精矿的抓配混合以及渣包、铜锍包的调运等工作。日常生产中，吊车工要随时注意检查各紧固件有无松动，检查大小车滑线、滑块接触是否良好；钢丝绳是否磨损过度，有无断丝现象，夹板绳扣有无松动，制动器、限位开关是否灵敏可靠。确定设备运行正常才能带负荷运行。

使用抓斗时，应使用吊钩钢丝绳和抓斗钢丝绳同步下降，抓斗置于物料上面且抓斗开启最大时停下；操纵控制器使抓斗合拢，再拉紧吊钩绳，待抓斗和起吊绳拉紧，再两绳同步上升，到一定高度时同时停止。抓斗在精矿仓上料平台卸料时，抓斗离上料平面不得高于 0.8m。放松抓斗绳，抓斗张开到最大开度，卸料完毕后，再行第二次抓料。

抓斗配料时必须按配料单要求将铜精矿、金精矿、渣精矿、烟尘等物料按比例混合均匀；按配料比分批次混合，每批料必须上、下翻动三次以上，料堆不同点取样化验，铜品位相差不得大于 2 个百分点。

2. 配料工岗位

底吹炉物料来源广泛，各种矿料成分差别很大，需要经过配料混合后才能入炉熔炼。配料采用堆式和仓式两种方式结合的方法。入厂铜精矿按照成分的不同，分别储存在不同的原料仓中。备料人员严格按照配料单，通过吊车进行抓配混合，混合后的铜精矿由皮带往底吹炉车间运输。在矿料运输过程中，储存在储料仓中的石英、煤等辅料按照配料单要求均匀地下到皮带上的铜精矿中，形成均匀的混合炉料，混合炉料最终传输到底吹炉上方的储料仓中储存，用于生产。

配料工需要及时检查各台设备是否处于正常状态、原料库各仓的物料储备情况以及配料仓内物料储备情况。而且日常配料中要严格按照配料单进行配料操作，配料精度要做到炉料中 Cu、S、Fe、SiO_2 成分与配料单要求偏差不超过 2%。物料输送混配过程中要做到让辅料连续、均匀、准确地落到皮带并混入铜精矿中，给料量（流量）与生产指令偏差不超过 1t/h。日常工作人员要勤检查，及时挑除皮带上的大块物料，及时处理堵料、卡料、漏料等问题。

3. 加料工岗位

底吹炉熔炼采用炉顶加料方式。混合炉料从底吹炉上方储料仓中，通过圆盘定量给料机下到计量皮带上，由皮带运至加料口落入底吹炉炉内。在停炉之后转入 0° 正常生产时，加料工要注意观察加料口位置，确保下料斗对准底吹炉加料口。在日常生产时，加料工要与配料工配合，严格执行配料单和生产指令，做到连续、均匀、准确加料，勤检查定量皮带、移动皮带，防止块料划伤皮带而影响加料。

底吹炉动力搅拌条件好，易造成熔体喷溅，严重时能够堵塞加料口，方圆集团经过不断摸索改进，已有效解决该问题。操作工要特别注意防止喷溅灼伤，谨防坠落加料口。操作工还需要经常观察炉内熔池状况，有泡沫渣或其他不正常现象时及时报告主控室。

4. 放铜锍口岗位

铜锍是根据底吹炉炉内生产工况以及后续转炉生产要求，间断地从放铜锍口放出。放铜锍时要保持炉内一定的液位高度，对铜锍层高度的控制则是更多地从安全角度考虑，以方圆集团 $\phi 4.4m \times 16.5m$ 底吹炉为例，一般控制铜锍层液位在 $850 \sim 1000mm$。对于铜锍层厚度，要防止铜锍面过高，防止在放渣过程中带出铜锍；同时也要防止过低的铜锍层，防止底部鼓入富氧空气进入渣层或铜锍污染，介于铜锍层和渣层之间的难熔物容易与炉底接触，加速炉底炉结的生成。

目前，底吹炉放铜锍方式主要是打眼放铜锍法，也可用虹吸法。

放铜硫前应做好各项准备工作，如：准备好干燥的放铜锍工具，如钎子、吹氧管、木柴等；严格保持铜锍口周围环境干燥，切忌铜锍与水接触而导致放炮，检查铜锍包，不能潮湿，更不能有水和其他物料；准备足够量的黄泥，捏合好，干湿恰当，装入泥炮机泥缸；检查炮嘴及钎头是否正对铜口中心，必要时进行微调；检查泥炮机油站的油温、油压及循环等是否正常。

可采用开孔机直接打眼放铜锍，但是为了延长开孔机钻头使用寿命，尽量避免开孔机钻头与熔体直接接触，可先用开孔机将放铜口前段的黄泥打掉，剩下与熔体接触的部分，然后用烧氧管将放铜锍口烧通。用烧氧管烧铜锍口时，要对正放出孔中心，防止烧损耐火砖，在用烧氧管烧铜锍口时要设置防护挡板，避免熔体喷溅伤人。铜锍流量不宜过大，注意观察，防止带出炉渣或堵口困难。

当冰铜包快放满时，准备堵口。堵口一般采用泥炮机，借助压缩空气将泥塞打入放铜口，堵口前要确保泥炮机在锁定位置，避免堵偏。方圆集团用于底吹炉铜锍放出口堵口的泥炮是一种悬挂式设备。它由机架、液压马达、油箱、油缸、油泵、蓄能器、泥管及驾驶室等组成。其工作原理是，液压缸驱动机架移动至铜锍口位置，将出泥口中心对准铜锍口中心并使泥管完成压炮、吐泥动作，从而堵住铜锍口，阻止铜锍流出，并设有紧急后退装置。

5. 放渣口岗位

放渣口开设在炉尾端墙上。它应满足熔体面在正常波动范围的放渣要求。目前底吹炉渣口均采用铜水套结构。方圆集团 $\phi 4.4m \times 16.5m$ 规格底吹炉渣口中心线距炉底为 1315mm，放渣口宽为 240mm，高为 320mm。炉渣间断排出，未放渣时渣口用黄泥封堵。

放渣操作的基本要求是：降低渣含铜、防止跑渣和跑铜锍。为此，放渣准备工作非常重要。放渣前需要将放渣溜槽清理干净，准备好足够量的黄泥，捏合好，干湿适当；做好渣包保温工作，准备好干燥的放渣工具；严格保持放渣口周围环境干燥，切忌熔渣与水接触而导致放炮；确认渣包到位。

放渣操作要服从主控室操作人员要求，主控室操作人员根据炉内工况及熔池深度和渣层厚度及时下达放渣指令后，才可放渣。以方圆集团底吹炉生产为例，底吹炉总液面控制在 1300mm，渣层厚度控制在 250～300mm 之间，渣层太薄容易放渣时带冰铜，炉渣太厚不利于炉内搅动，易造成渣过氧化。底吹放渣操作较为简单，人工用钢钎将放渣口黄泥打掉，机械化程度较高的企业可以选用开孔机进行操作。放渣过程中要及时清打溜槽，避免溜槽黏结。放渣操作应做到开渣口开得宽、浅、平。熟练掌握渣流量，渣流量太大易溢包，太小易凝固，严防放渣带冰铜。

操作人员在放渣时要注意包子内炉渣液面高度，在渣面距包子口 20cm 左右时或者根据炉内工况判断需要停止放渣时，用黄泥堵住渣口，渣口表面捣打平整。及时清理掉溜槽上的炉渣，协调卷扬工将渣包运出。

6. 主控工岗位

主控室负责整个工艺生产过程，所有人员必须在主控工的指导下进行工作，任何指令必须由主控室下达。主控室是整个底吹炉生产过程的负责人和指挥者。主控人员要做到：

（1）接班时应全面详细了解上一班生产情况及工艺控制动态；

（2）生产中随时注意监视显示屏上的备料系统、配料系统、加料系统、熔炼炉系统、余热锅炉系统、收尘系统运转状况和工艺参数，如偏离规定，应及时调节或通知相关岗位处理；

（3）协调各岗位，统一指挥，严格执行工艺制度和工艺指令；

（4）主控室控制的设备按规定程序开车、停车；

（5）特别要注意氧枪支管压力、流量变化，及时调整氧料比、炉温、加料量；

（6）决定放渣、放铜锍的时间、数量，及时掌握化验分析数据；

（7）做好原始记录和交接班记录。

7. 卷扬工岗位

卷扬工主要负责铜锍包和渣包的运送，接班时卷扬工需要首先检查卷扬减速机、平板车走轮、限位、钢丝绳等是否正常。在放渣、放铜锍时及时调整包子位置，防止熔体洒出包子以及铜锍冲刷包壁。拉运包子时要平稳，防止熔体溢出或拉断钢丝绳。及时、准确记录渣、铜锍量，并将铜锍量及时报告主控。操作时要注意吊车运行方向，将了解到的吊车异常信息及时告诉主控室。

8. 烟道清理岗位

由于物料从底吹炉上方加料口加入，随烟气带出一部分烟尘，烟尘量约占炉料总量的 1%～2%。烟尘由炉料粉尘和易挥发物质组成，粗烟尘大部分在烟道遇冷黏结在上升烟道上，并由于不断受烟气的高温作用和新的烟尘的黏结影响，结焦不断增大，严重时影响生产的正常进行，因此需要及时清理烟道。

清理上升烟道内的结焦，劳动强度较大，烟道内的恶劣环境也给操作人员带来了很多困难。目前底吹炉上升烟道采用水冷壁的方式，黏结到上面的烟尘遇冷后形成脆性黏结物，可以减轻清打操作的劳动强度。但是目前上升烟道结焦仍然是困扰冶炼行业的一个难题，没有很好的处理办法，现在主要采取勤清打的方式，尽量避免大块结焦。

4.2.5 余热锅炉的主要作业

1. 锅炉本体水压试验

锅炉受热面系统安装好后，要进行一次整体水压试验。其目的是，在冷态下检查各承压部件是否严密，强度是否足够。锅炉水压试验的范围应包括受热面系统的全部承压部件（锅炉给水管、循环水管以及蒸汽管道、阀门等）。有关的排水管、仪表管应打开一次阀并关闭二次阀，让二次阀至锅炉之间，处于水压试验的范围内，但锅炉上的水位表、安全阀不参加水压试验。实验前将水位表阀门关死，安全阀用盲板隔离。

水压试验前应制定切实可行的实验方案，各部门根据实验方案的要求做好试验前的检查和准备工作。

水压试验前的检查工作如下：承压部件的安装是否全部完成（包括焊接检验、受热面管子支吊架的安装等）；水系统管道上的所有阀门启闭位置应符合水压试验的要求；安装时用的一些临时设施（如临时加固、固定支撑等）是否全部拆除、清理干净；核对受热面系统各处的膨胀方向；所有安装技术材料、焊接无损探伤等检验报告整理好且齐全。

水压试验前的准备工作：确保临时上水、升压、放水及放汽系统全部安装好并可以使用；在汽包上安装两只压力表（精度等级为 1.5，表盘直径≥100mm 的压力表，压力表需经校验合格）；在难以检查的地方应搭设必要的脚手架，并有充足的照明。试验用水最好是去氧水。如果环境温度一般在 5℃以下，则需要准备相应的防寒措施。

水压试验的压力规定：锅炉水压试验的压力为汽包工作压力的 1.25 倍，并在该试验压力下保持 20min。

水压试验的合格标准：在受压元件金属型和焊缝上没有发现水珠和水雾；水压试验后，没有发现残余变形，则试验合格。

2. 锅炉的漏风试验

试验目的：检查膜式壁、烟道等严密性，找出漏风处并予以消除，提高锅炉运行的经济性。

进行漏风试验必须具备以下条件：送引风机经单机试运转合格，烟道安装全部结束；炉膛等处的人孔、门类等配备齐全并可密封；锅炉本体炉墙、除灰装置已安装结束；炉膛风压表已安装完毕可用。

试验方法：重点检查炉顶与前侧墙接缝处、炉顶穿墙管四周、各膨胀间隙伸缩缝、炉墙门孔等处。对辐射区、对流区、烟道等部位的检查可以启动鼓风机，微开鼓风机的调节挡板，使系统维持在 $30\sim40mmH_2O$（$1mmH_2O=9.80665Pa$）的正压，然后用蜡烛接近接缝处，火、烟被吹偏处，说明漏风。凡检查出漏风位置，应在该位置做出明显标记，并做好记录。

检查出漏风的位置后，对焊接处的泄漏采用补焊方式。对结合面泄漏采用拧紧螺栓或更换衬垫的方式处理。

3. 锅炉的煮炉

煮炉的目的：对于新安装的锅炉，其受热面管子、集箱及汽包内壁上存在油垢等污物，如果在运行前不处理干净，就会部分附着在管子内壁上形成坚硬的附着物，使管子的导热系数减小。

煮炉前必须具备的条件：保温及外护板安装结束，并验收合格；加药及取样管路畅通，加药泵安装及调试合格；准备足够的化学软化水；准备足够的煮炉药品；热工和电气仪表要调试合格，并能投入使用；锅炉各传动设备均应处于正常投运状态。

锅炉的煮炉分三个周期进行。

1）煮炉第一期

全面检查各设备、辅机一切正常，处在启动状态，无异常情况；向炉内输送烟气进行升压，当压力升压至 0.1MPa 时关闭空气门，并冲洗就地水位计一只；缓慢升压至 0.4MPa 时，要求安装人员对所有管道、阀门作全面检查，并拧紧螺栓。在 1.25MPa 压力下煮炉 8～12h，负荷为 22%～25%；要求化验人员每 2h 取样分析一次，并根据分析结果通知运行值班人员；全面定期排污一次，其排污量和排污时间由化验结果决定，并做好记录；运行值班人员对烟温、烟压、温度、水位及膨胀指示值等表计每小时抄表一次。

2）煮炉第二期

缓慢升压，当压力升至 1.6MPa 时，通知运行人员对各仪表管路进行冲洗。在 1.6MPa 压力下煮炉 10～12h，负荷为 48%～52%，要求值班人员严格控制水位；

化验人员每隔 2h 校对上下水位计一次，并做好记录；化工人员每隔 2h 取炉水化验一次，炉水碱度不得低于 45mg/L；值班人员操作中对汽压、水位、烟温的调节严格监视，必要时可开启安全阀进行调压。

3）煮炉第三期

缓慢升压至 2.4MPa，稳定燃烧，严格控制水位≤160mm，汽温控制在 380～400℃。在此压力下运行 12～24h，要求准备足够的补给水。然后采用连续进水及放水的方式来进行水交换。要求化验人员每小时取样分析一次。按照化验要求，适当调整其排污门开度。当炉水碱度在蒸汽锅炉用水规定值以下后，方可停止换水，结束煮炉。

汽包内壁的检查：煮炉工作结束后，按照运行规程操作，待压力降至 0MPa，炉水温度低于 70℃时放净炉水。打开空气门，打开汽包人孔门，检查汽包内部锈蚀及油污情况。要求内壁形成一层磷酸盐保护膜。

4. 锅炉蒸汽严密性试验

锅炉按运行操作规程升压，升压至工作压力，进行严密性试验，也可在煮炉后期换水后直接升压进行严密性试验。试验应重点检查：锅炉焊口、人孔、手孔和法兰等的严密性；锅炉附件和全部汽水阀门的严密性；锅炉集箱各受热面部件和锅炉范围内的汽水管路的膨胀情况；吊杆、吊架和弹簧的受力、位移及伸缩情况是否正常，是否有有碍膨胀的地方。

在检查中，如泄漏轻微而难以发现和判断时，可用一块温度较低的玻璃片或光亮的铁片等物品接近泄漏处，若有泄漏则待降压后处理。蒸汽严密性试验合格后，应做好记录并办理签证。

5. 72h 整套试运行

试运行的目的：锅炉机组在安装完毕并完成部分试运行前的各项试验后，要进行 72h 整套试运行，以便在正常运行条件下对施工设计、设备质量进行考核，检验设备是否达到规定的参数，各项性能是否符合原设计要求，并检验所有辅助设备（首先是转动设备）的运行状态，鉴定各个条件系统。

6. 正常开炉

1）开炉前的准备工作

（1）通知化学水操作人员向余热锅炉除盐水箱供水。

（2）当除盐水箱水位正常后，启动除盐水泵，通过除盐水加热器向除氧器供水，同时通知值班长开启除氧器加热蒸汽，使除氧器达到正常值。

（3）除氧器水位达到预定位置时，启动给水泵向汽包供水，但由于锅炉处于冷态,所以锅炉进水不能太快,进水至锅炉正常水位时,夏季应为 1h,冬季应为 2h,给水和设备温差以不超过 50℃为宜。

(4)当汽包水位升至高于正常水位时,启动强制循环泵冷却水泵,使循环泵有冷却水出水后,启动强制循环泵向受热面供水,同时向汽包供汽,要求检查锅炉水循环系统有无泄漏,水位高低报警是否正常。

(5)经化验锅炉水质合格,且汽包水位偏低,记录好膨胀指示器位置后,通知厂调度,电收尘准备开炉。

(6)料罐复位,启动刮板除灰机,使其连续运行,受热均匀,投入振打装置。

2)开炉操作

(1)通知电收尘运行人员开启排烟风机 2～3min,底吹炉的烟气可缓慢进入余热锅炉。

(2)开炉正常后,炉水温升≤70℃/h,开炉时间 3h 左右。

(3)升压过程中应注意汽包水位的变化,调整水位调节阀,保持正常水位,此时,不得关闭排汽门进行升压。

(4)当锅炉压力升到 0.05～0.1MPa 时,应冲洗水位计(冲洗水位计的过程中不得正面对着水位计,以防水位计破裂伤人),同时对两侧水位计进行校正。

(5)当锅炉升压至 0.2～0.3MPa 时,通知仪表人员冲洗各仪表管路。

(6)稳压至 0.3～0.4MPa 时,通知检修人员拧紧螺栓并抄膨胀指示器一次。

(7)升压至 0.5～0.6MPa 时,可微开主蒸汽阀对蒸汽管道进行暖管,开启主蒸汽阀时应缓慢进行,如管路上有强烈的水冲击,应停止送汽,加强管道上的疏水,待疏水完毕后再送汽。

(8)当锅炉升压至 0.8MPa 时,将取样冷却器和连续排污投入。

(9)升压至 1.5MPa 左右,再次冲洗水位计和抄膨胀指示器,升压至 2.0～2.5MPa 时应稳定压力检查锅炉,如发现故障应停止升压,降压停炉,故障消除后方可继续升压。

(10)升压至 2.8～3.0MPa 时,再次冲洗水位计并校对水位计。

(11)当锅炉蒸发量达到额定负荷的 60%以上时,可通知仪表人员将锅炉水位投入自动控制。

(12)当除氧气水位、压力调节正常后,通知仪表人员投入自动控制。

7. 停炉

停炉分为正常停炉和故障停炉。

1)正常停炉

正常停炉是有计划的停炉,经厂调度同意后,通知底吹炉、电收尘运行人员和蒸汽用户后,在有准备的情况下有步骤地停炉。

首先，底吹炉停止加料并逐渐减少燃烧量，电收尘运行人员逐渐关小排烟风机的进口阀，锅炉操作人员应根据汽压和烟温分别关小锅炉主汽阀，当底吹炉炉口转出烟罩后，锅炉应通知电收尘运行人员停止排烟风机的运行，以防止锅炉急剧冷却而造成水冷壁损坏。在停炉过程中，锅炉负荷达到60%时，改自动调节为手动调节，除氧器压力、温度自动调节改为手动调节。做好准备后可关闭主汽阀，慢慢开启排汽阀继续降压，执行降压停炉。

停炉过程中应保证汽包水位正常，并根据水位情况，给水泵做间断性上水。不得停止强制循环泵的运行，以保证受热面管壁冷却。如需锅炉强制冷却，必须在停炉24h后，方可换冷水和抽冷风进行强制冷却，但一般以自然冷却为宜。停炉16h后，锅炉温度低于80℃可停止强制循环泵运行，停止锅炉水位控制。停炉后在电源没有采取安全措施前，司炉人员不得终止监视表盘。

2）故障停炉

（1）当严重危及人身及设备安全时应做紧急停炉处理。

（2）如有下列情况之一者应做紧急停炉处理。①锅炉缺水。锅炉水位低于汽包水位计最低水位或电极式水位表指示低于−300mm。②锅炉满水。锅炉水位超过汽包水位计上部可见部分或电极式水位表指示高于+300mm。③炉管爆裂不能维持正常水位。④炉墙倒塌或钢架烧红有倒塌危险。⑤燃料在余热炉内形成二次燃烧而无法控制。⑥所有水位计损坏。⑦锅炉房用电中断，而无备用电源。⑧强制循环泵发生故障而无备用泵。⑨给水泵发生故障而无备用泵。⑩锅炉及管道水压部位损坏，危及人身安全。⑪安全阀超过动作压力而拒不动作，且对空排汽无法打开。

发生以上事故之一时，司炉人员可不经过上级批准，立即用信号通知底吹炉岗位运行人员，停止加料和燃烧，迅速转开炉口，通知电收尘运行人员停止排烟风机运行，并根据情况终止向用户供汽，执行紧急停炉处理。如果遇信号发出后3min无反应时，余热锅炉操作人员可操作紧急事故按钮执行紧急停炉。

遇紧急停炉后，严禁立即补水，让锅炉自然冷却，检查完后，视情况再进行补水。

在整个停炉过程后应立即向厂调度及底吹炉操作人员做详细汇报并做好记录，以便进行事故分析。

8. 锅炉的正常运行

余热锅炉正常运行是生产系统中的重要环节，它和前后生产工艺的运行工况是互相联系的。它既要适应底吹炉的要求，又要不妨碍烟尘的收集和烟气制酸的条件，还要满足向用户供热的需要。这就要求锅炉运行人员做到密切配合，使生产运行达到正常。

1）汽压的调节

保持汽压的稳定是余热锅炉运行中的一个重要指标。如果汽压过高，会引起安全阀频繁启动。锅炉汽压波动过大，则不能满足汽轮机的运行要求，同时也可能导致锅炉本身发生事故。因此运行人员必须密切监视运行压力的变化，做到勤与冶金炉操作人员联系，与汽轮机运行人员联系，调整负荷，保持汽压稳定。

为了便于有效调节汽压，除余热锅炉本身装设压力调节装置外，一般还可以通过装设辅助燃烧器或装设旁路烟道等方法，调节负荷，保持汽压稳定。

2）余热锅炉并列运行时给水的调节

几台余热锅炉并列运行时，应注意余热锅炉的负荷不是由运行人员主动调节。例如，某台锅炉的热源增强，会导致其运行压力升高，蒸发量增大。由给水母管向几台并列的锅炉供水，必然会因为压差降低而导致锅炉水位下降。在这种情况下，运行人员首要的任务是调节给水量而不是调节锅炉的负荷。

3）辐射冷却室出口烟温和锅炉出口烟温的调节

余热锅炉在运行中，应当保持辐射冷却室出口的排烟温度在规定的范围内波动，这是保证余热锅炉运行安全的关键条件。影响这些温度变化的因素很多，主要是进入余热锅炉的烟气量、烟气温度及锅炉受热面的清洁程度和漏风情况等。如设有旁通烟道时，可以适当调节入炉的烟气量。如在对流区设有调节烟门时，可以调节锅炉的排烟温度。必要时还应与冶金炉运行人员联系。

4）余热锅炉运行中的注意事项

在余热锅炉运行中，例行的日常工作包括：对运行工况的监视及对运行参数的调节、巡视检查、记录抄表、吹灰、清渣、排污、冲洗水位计、取样化验、交接班等。

（1）对运行工况的监视及运行参数的调节。

余热锅炉的运行工况必须予以密切监视，运行参数超过规定的范围时，要及时调节。余热锅炉需要监视的项目较多，如蒸汽压力、温度，以及汽包水位计、给水温度、给水压力、余热锅炉入口处烟气温度及负压、辐射冷却室出口处烟气温度及负压、余热锅炉出口处的烟气温度及负压、产汽量和补给水处理的一些指标，都要根据设计要求严格控制。

（2）巡视检查。

为了保证设备安全运行，避免事故发生，在余热锅炉的正常运行中，要求每班至少进行 2 次全面巡视检查，如发现问题应及时处理。一般巡视检查的范围包括余热锅炉房内的全部设施，对巡视检查出的问题，除及时处理外，还需做好记录，以备以后查用。

（3）记录抄表。

余热锅炉房内的日常纪录工作是每小时或每半小时进行一次。记录的目的在于分析运行情况，合理进行操作，判断事故的隐患。从另一个角度来说，定期记录也就是定期检查。

（4）冲洗水位计。

清洁水位计的玻璃板，可便于观察水位，并防止水汽连通管堵塞，以免运行人员被假水位现象所迷惑而造成汽包缺水或满水事故。冲洗水位计的步骤如下：①全开水位计的放水阀，冲洗汽联管、水联管和玻璃板。②关闭水位计水侧旋塞，冲洗汽联管和玻璃板。③关闭水位计汽侧旋塞，开水侧旋塞，冲洗水联管。④开汽侧旋塞，缓慢关闭放水阀，此时水位应立即上升至冲洗前的正常水位，并有轻微的波动。⑤如冲洗后校对水位计发现异常，应当重新冲洗、校对。

冲洗水位计时，操作人员要有切实的防护措施，操作时面部不要正对水位计，以防玻璃板破裂伤人。

5）定期排污

应该做好有关岗位之间的联系工作，适当地把水位调整至稍高于正常水位。排污过程中应注意监视给水压力和汽包水位，如果发生事故影响水位，要立即停止排污。如果系统发生严重水击现象，要立即停止排污，待异常消除后再继续进行。排污后应注意锅筒水位的变化情况，如果发现水位下降或给水量比正常增大，应当检查排污阀是否关严。防灰管集箱排污时间应不超过 0.5min，对流管束下集箱的排污时间可略长些。

6）取样

余热锅炉的补给水、给水、锅水、排污水、饱和蒸汽等都应定期取样，送化验室分析，用以改进操作，达到安全运行的目的。

7）加药

给水采用氨或联氨处理时，均应保持剂量的稳定。锅水采用磷酸盐处理时，药液要均匀地加入汽包，并定期检查给水对蒸汽质量的影响。如果锅炉含磷酸盐量与磷酸加入量不成比例时，要立即查明原因，采取措施加以纠正。

8）余热锅炉辅助设备运行

余热锅炉的辅助设备有清灰装置、除灰装置、水泵、除氧器、加药装置等，这些设备在运行中如果发生故障，将直接影响余热锅炉的运行，严重时还会被迫停炉，同时影响冶金炉的正常运行。运行人员要充分了解这些设备的结构、性能、操作规程和维护保养知识。密切监视运行的情况，掌握正确的操作方法，以保证其安全运行。

参 考 文 献

[1]　胡立琼. 氧气底吹炼铜炉的设计[J]. 中国有色冶金，2010，（1）：17-18，37.

[2]　曲胜利，李天刚，董准勤，等. 富氧底吹熔炼生产实践及底吹炉设计改进探讨[J]. 中国有色冶金，2012，2（1）：10-13.

[3]　冯双杰. 氧气底吹熔炼炉的设计计算[J]. 世界有色冶金，2014，（10）：46-47.

[4]　曲胜利，李天刚，董准勤，等. 铜富氧底吹生产实践及设计探讨[J]. 有色金属（冶炼部分），2012，（3）：10-13.

[5]　高长春，袁培新，陈汉荣. 氧气底吹熔炼氧枪浅析[J]. 中国有色冶金，2016，（6）：13-17，59.

[6]　闫红杰，刘方侃，张振扬，等. 氧枪布置方式对底吹熔池熔炼过程的影响[J]. 中国有色金属学报，2012，22（8）：2393-2400.

[7]　贺善持，李冬元. 水口山炼铜法有关问题的探讨[J]. 中国有色冶金，2005，（3）：19-22.

[8]　蔡志鹏，梁云，钱占民，等. 底吹氧气连续炼铅模型试验研究（一）底吹枪距与隔墙的合理布置[J]. 化工冶金，1985，（4）：113-122.

第 5 章　氧气底吹熔炼过程的物料平衡与热平衡

5.1　冶 金 计 算

5.1.1　物料衡算

物料衡算是冶金过程工艺设计的基础，在生产过程中，针对已有的生产装置，对全过程或某一单元设备进行物料衡算，或由实验测得的数据，计算出一些不能直接测定的数据，并由此对过程的生产情况进行分析，以确定实际的生产能力，衡量操作水平，找出薄弱环节，提出改进生产的方法[1, 2]。

1. 物料衡算已知条件

本次计算所采用的数据来源于工厂配料单上的数据以及一个月中在现场采集的数据。抓斗配料组成及成分见表 5-1；圆盘配料组成及成分见表 5-2；圆盘混合矿中各物质成分见表 5-3；熔池熔炼炉入炉物料组成及成分见表 5-4；熔池熔炼炉产出物质组成及成分见表 5-5。

表 5-1　抓斗配料组成及成分

配料		菲律宾	渣精矿	毛塔	墨 B	美国
配比	%	26.67	26.67	13.33	20	13.33
总量	t/h	4	4	2	3	2
Cu	%	17.57	21.62	21.84	22.38	17.77
	t/h	0.646	0.775	0.399	0.618	0.338
Fe	%	25.44	27.52	30.46	23.01	28.39
	t/h	0.935	0.986	0.556	0.636	0.54
S	%	37.44	8.99	26.94	28.47	36.67
	t/h	1.377	0.322	0.492	0.786	0.697
SiO_2	%	6.1	19.82	1.86	3.91	4.11
	t/h	0.224	0.71	0.034	0.108	0.078
CaO	%	1.31	3.68	1.26	1.51	1.75
	t/h	0.048	0.132	0.023	0.042	0.033
H_2O	%	8.07	10.43	8.74	7.94	4.98
	t/h	2.152	2.782	1.165	1.588	0.664

表 5-2 圆盘配料组成及成分

配料		抓配混合矿	智利	中信墨西哥	冷料
配比	%	27.55	40.08	28.42	3.95
总量	t/h	13.75	20	14.18	1.97
Cu	%	20.19	27.87	20.4	44.75
	t/h	2.775	5.574	2.894	0.882
Fe	%	26.57	25.68	26.28	20.14
	t/h	3.652	5.134	3.729	0.397
S	%	26.72	35.26	30.16	15.62
	t/h	3.674	7.05	4.279	0.308
SiO_2	%	8.4	4.67	6.2	7.29
	t/h	1.154	0.934	0.88	0.144
CaO	%	2.02	1.82	2.53	0.75
	t/h	0.278	0.364	0.359	0.015
H_2O	%	8.35	9.12	5.41	1.5
	t/h	2.409	3.858	1.561	0.0058

表 5-3 圆盘混合矿中各物质成分

名称	Cu		Fe		S		SiO_2		CaO	
	%	t/h	%	t/h	%	t/h	%	t/h	%	t/h
混合矿	24.30	12.123	25.88	12.912	30.68	15.310	6.24	3.111	2.04	1.016

表 5-4 熔池熔炼炉入炉物料组成及成分

配料		铜精矿	石英石	煤	氧气	空气	合计
总量	t/h	49.9	3.2	0.5	11.7	9.8	75.1
Cu	%	24.3					
	t/h	12.123					12.123
Fe	%	25.88					
	t/h	12.914					12.914
S	%	30.68			3.2		
	t/h	15.309			0.016		15.325
SiO_2	%	6.24	95				
	t/h	3.111	3.043				6.154
CaO	%	2.04					
	t/h	1.016					1.016
其他	%	1.86	5		96.8		
	t/h	5.424	0.157	0.484	11.7	5.4	

表 5-5　熔池熔炼炉产出物质组成及成分

配料		冰铜	炉渣	烟尘、烟气	合计
总量	t/h	19.909	21.726	1.247	42.882
Cu	%	55.5	3.55	24.30	
	t/h	11.049	0.771	0.303	12.123
Fe	%	14.4	44.75	25.90	
	t/h	2.867	9.723	0.323	12.913
S	%	22.1	1.41	30.71	
	t/h	4.400	0.307	0.383	5.090
SiO₂	%		27.97	6.26	
	t/h		6.077	0.078	6.155
CaO	%		4.56	2.00	
	t/h		0.991	0.025	1.016
其他	%	8.00	17.75	23.34	
	t/h	1.593	3.857	0.029	

2. 铜精矿矿物合理组成计算

冶金计算应以可靠的铜精矿矿物组成资料为基础，如果缺乏此种资料，可以参考矿石的物相组成进行铜精矿矿物合理组成的计算[3]。

一般情况下，硫化铜铜精矿中铜多以黄铜矿（CuFeS₂）形态存在，少量以辉铜矿（Cu₂S）形态存在，而铁主要以黄铁矿（FeS₂）形态存在。考虑铜精矿中含有 CuFeS₂、FeS₂、Cu₂S 三种成分，根据入炉铜精矿化学成分（表 5-6），可以计算出入炉铜精矿的化合物合理组成（表 5-7）。

表 5-6　入炉铜精矿化学成分

成分	Cu	Fe	S	SiO₂	CaO	H₂O	其他
含量/%	24.30	25.88	30.68	6.24	2.04	7.59	3.27

表 5-7　入炉铜精矿矿物合理组成表

成分	矿物/(t/h)							合计/(t/h)	含量/%
	CuFeS₂	Cu₂S	FeS₂	CaO	SiO₂	H₂O	其他		
Cu	10.209	1.917						12.126	24.30
Fe	8.972		3.942					12.914	25.88
S	10.300	0.483	4.526					15.309	30.68
SiO₂					3.111			3.111	6.23

成分	矿物/(t/h)							合计/(t/h)	含量/%
	$CuFeS_2$	Cu_2S	FeS_2	CaO	SiO_2	H_2O	其他		
CaO				1.016				1.016	2.04
H_2O						3.787		3.787	7.59
其他							1.637	1.637	3.28
共计	29.481	2.400	8.468	1.016	3.111	3.787	1.637	49.9	100

3. 粉煤各成分含量计算

对于氧气底吹熔池熔炼工艺，在保证铜精矿中一定的 Fe 和 S 含量时，熔炼过程完全可以达到自热，实现无碳熔炼。但当原料成分差异较大及熔炼工艺有特殊要求时，可加入适量煤粉，其组成见表 5-8，其中 $C_用$、$H_用$、$O_用$、$S_用$、$N_用$ 表示其可燃质组成，而 $A_用$（灰分）及 $W_用$（水分）表示其惰性质组成。

表 5-8　粉煤实用燃料组成（%）

$C_用$	$H_用$	$O_用$	$S_用$	$N_用$	$W_用$	$A_用$	合计
63	6.2	8	3.2	3.6	1	15	100.0

对于此次计算的工况，煤的入炉量为 0.5t/h。

4. 氧气底吹熔炼炉各物料的衡算

由表 5-4 和表 5-5 可得到氧气底吹熔炼炉物料平衡表，见表 5-9（在物料平衡计算时，烟气量并非实测值，而是根据平衡推导得到的，故物料平衡未考虑各气相物质的平衡）。

表 5-9　氧气底吹熔炼炉物料平衡表

物料		投入				产出			
		铜精矿	石英石	煤	合计	冰铜	炉渣	烟尘	合计
总量	t/h	49.9	3.2	0.5	53.6	19.909	21.726	1.247	42.882
Cu	%	24.3			24.3	55.5	3.55	24.30	
	t/h	12.123			12.123	11.049	0.771	0.303	12.123
Fe	%	25.88			25.88	14.4	44.75	25.90	
	t/h	12.914			12.914	2.867	9.723	0.323	12.913
S	%	30.68	3.2			22.1	1.41	30.71	
	t/h	15.309	0.016		15.325	4.400	0.307	0.383	5.090

物料		投入				产出			
		铜精矿	石英石	煤	合计	冰铜	炉渣	烟尘	合计
SiO₂	%	6.24	95				27.97	6.26	
	t/h	3.111	3.043		6.154		6.077	0.078	6.155
CaO	%	2.04					4.56	2.00	
	t/h	1.016			1.016		0.991	0.025	1.016
其他	%	1.86	5	96.8		8.00	17.75	23.34	
	t/h	5.424	0.157	0.484		1.593	3.857	0.029	

注：投入栏还应有"氧气"和"空气"项目，这两项的总量在 20t/h 以上。产出栏应有"烟气"项目。考虑到本章主要涉及过程的仿真研究，物料平衡从简，因此省去了气体项目

5. 每小时氧气底吹熔炼炉理论所需氧气量计算

1）燃料燃烧所需氧气量计算

燃料中 C 按式（5-1）反应

$$C+O_2 \rule[0.5ex]{1.2em}{0.5pt} CO_2 \tag{5-1}$$

对于 315kg C，燃烧时理论所需氧气量为：(315×32)/12=840.00kg。

燃料中 H 按式（5-2）反应

$$2H_2+O_2 \rule[0.5ex]{1.2em}{0.5pt} 2H_2O \tag{5-2}$$

对于 31kg H，燃烧时理论所需氧气量为：(31×32)/4.04=245.54kg。

燃料中 S 按式（5-3）反应

$$S+O_2 \rule[0.5ex]{1.2em}{0.5pt} SO_2 \tag{5-3}$$

对于 16kg S，燃烧时理论所需氧气量为：(16×32)/32.06=16kg。

另外，500kg 燃料中包含氧元素 40kg，故在计算燃料燃烧时，应考虑该氧元素的存在。

2）炉料燃烧所需氧气量计算

炉料燃烧后，若不考虑氧气过量，氧最后将以 SO_2 和 FeO 的形式分别存在于烟气、炉渣和铜锍中，故只计算出烟气中 SO_2、炉渣和铜锍中 FeO 的量，即可得到燃烧所需氧气量。

（1）炉料中 S 燃烧耗氧计算。

对于物质 S，通过物质 S 的守恒计算得到烟气中 S 的含量为 10236t。若考虑烟气中单体 S 的含量很少，并假设烟气中 S 全部以 SO_2 的形式存在，且烟气中的 S 全部来自炉料和煤粉中 S 的燃烧，经计算，得炉料中 S 的燃烧所需氧气量为 10201kg。

炉料中 S 燃烧耗氧也可通过化学反应进行计算，即计算黄铁矿、黄铜矿分解

产生的 S 的耗氧以及 FeS 中 S 的耗氧。根据该方法计算，可以得到炉料中 S 的燃烧耗氧为 10428kg，与上述方法计算得到的燃烧耗氧仅相差 2.2%。

（2）炉渣中 FeO 耗氧计算。

这部分耗氧是通过炉料中 FeS 的燃烧进入 FeO，而 FeO 则通过造渣进入炉渣，炉渣中 Fe 以 FeO 和 FeS 两种形式存在。

假设炉渣中 FeS 与 Cu_2S 结合成 $xCu_2S \cdot yFeS$，已知炉渣中 Cu 和 S 的含量分别为 771kg 和 307kg，根据 Cu 和 S 的比例关系，有

$$127.10x/(32.06x+32.06y)=771/307 \tag{5-4}$$

解得 $y=0.58x$，故 $xCu_2S \cdot yFeS$ 可以简化为 $Cu_2S \cdot 0.58FeS$。

炉渣中 Fe 以 $Cu_2S \cdot 0.58FeS$ 和 FeO 的形式存在，Cu 以 $Cu_2S \cdot 0.58FeS$ 的形式存在，已知炉渣中 Cu 的含量，经计算可得 $Cu_2S \cdot 0.58FeS$ 中 Fe 的含量为 196.500kg，FeS 的含量为 309.30kg。而炉渣中 Fe 的总含量为 9723kg，故炉渣所含 FeO 中 Fe 的含量为：9723−196.50=9526.50kg。故进入炉渣中氧的含量为 729.17kg。

（3）冰铜中 FeO 耗氧计算。

冰铜中含有部分 FeO，需消耗一部分氧气。

假设冰铜中 FeS 与 Cu_2S 结合成 $zCu_2S \cdot wFeS$，已知冰铜中 Cu 和 S 的含量分别为 11.049kg 和 4.4kg，根据 Cu 和 S 的比例关系，有

$$127.10z/(32.06z+32.06w)=11.049/4.4 \tag{5-5}$$

解得 $w=0.58z$，故 $zCu_2S \cdot wFeS$ 可以简化为 $Cu_2S \cdot 0.58FeS$。

冰铜中 Fe 以 $Cu_2S \cdot 0.58FeS$ 和 FeO 的形式存在，Cu 以 $Cu_2S \cdot 0.58FeS$ 的形式存在，已知冰铜中 Cu 的含量，经计算可得 $Cu_2S \cdot 0.58FeS$ 中 Fe 的含量为 2815.97kg，FeS 的含量为 4432.44kg。而冰铜中 Fe 的总含量为 2867kg，故冰铜所含 FeO 中 Fe 的含量为：2867−2815.97=51kg。故进入冰铜中氧的含量为 14.61kg。

由以上计算，可将氧气底吹熔炼炉理论所需氧气量列入表 5-10 中。

表 5-10　氧气底吹熔炼炉理论所需氧气量计算表

项目	反应成分	数量/(kg/h)	理论需氧量/(kg/h)
	C	315	840
	H_2	31	245.54
粉煤	S	16	16
	O	40	−40
炉料	S	10236	10201
	Fe	9577.5	2743.78
总计			14006.32

从表 5-10 中，可查得每小时氧气底吹炉理论所需氧气量为 14006.32kg，折合成标况下体积为：$(14006.32 \times 22.4)/32 = 9804.42 Nm^3$。

从表 5-10 中可以计算得到炉料中 Fe 和 S 每小时的燃烧耗氧量为 12944.78kg，占理论需氧量的 92.42%，铜精矿中 Fe 和 S 含量高是造成炉料燃烧耗氧高的主要原因。

3）实际送入熔炼炉空气量

实际送入氧气底吹熔炼炉的空气是富氧空气，该富氧空气包括纯氧和空气两部分。现场测试的实际入炉富氧空气量为 $12410 Nm^3/h$，其中，纯氧气量为 $8200 Nm^3/h$，空气量为 $4210 Nm^3/h$，故其中氧气总量为：$8200 + 4210 \times 0.21 = 9084.1 Nm^3/h$。

比较理论氧气需要量和实际氧气送入量，可知实际氧气送入量不足，不足氧气量为：$9804.42 - 9084.1 = 720.32 Nm^3/h$，误差为 7.35%。

由于投料时带入了一定量的空气，另外烟道处也有漏风，漏风进入熔炼炉内也可氧化炉料，故此部分氧气缺口可考虑为漏风中氧气利用的部分。

6. 氧气底吹熔炼炉理论烟气量计算

氧气底吹熔炼炉烟气的成分主要有 CO_2、H_2O、SO_2、N_2 和 O_2。其中 CO_2 的来源有燃料中碳的燃烧，精矿中 $CaCO_3$ 的分解；H_2O 的来源有燃料中氢的燃烧，铜精矿中含水，燃料含水和空气含水；SO_2 的来源有精矿脱硫；N_2 的来源有空气中带入和漏风带入；O_2 的来源为空气中过剩。以下计算均为 1h 产生的烟气中的组分含量。

1）烟气中 CO_2 含量计算

燃料中 C 按式（5-1）反应，对于 315kg C，燃烧时产生的 CO_2 量为：$(315 \times 44)/12 = 1155 kg$；

精矿中 $CaCO_3$ 按式（5-6）反应

$$CaCO_3 \Longrightarrow CaO + CO_2 \tag{5-6}$$

对于 1814.29kg $CaCO_3$，分解产生的 CO_2 量为：$(1814.29 \times 44)/100 = 798.29 kg$；

烟气中 CO_2 总量为：$1155 + 798.29 = 1953.29 kg$；

折合成标况下体积为：$(1953.29 \times 22.4)/44 = 994.40 Nm^3$。

2）烟气中 H_2O 含量计算

燃料中 H 按式（5-2）反应，对于 31kg H，燃烧时产生的 H_2O 量为：$(31 \times 36)/4.04 = 276.24 kg$；

铜精矿中含水 3787kg，燃料含水 5kg；

查气象统计资料，东营地区年平均气温为 15℃，相对湿度为 75%，经计算得 1kg 干空气含水量为 8.01g；

空气中总的含水量为：$5443.53 \times 8.01 = 43.60 kg$；

烟气中 H_2O 总量为：$276.24 + 3787 + 5 + 43.60 = 4111.84 kg$；

折合成标况下体积为：$(4111.84 \times 22.4)/18 = 5116.96 \text{Nm}^3$。

3）烟气中 SO_2 含量计算

精矿中 S 按式（5-3）反应，对于 10236kg S，生成的 SO_2 为：$(10236 \times 64)/32 = 20472 \text{kg}$；

折合成标况下体积为：$(20472 \times 22.4)/64 = 7165.2 \text{Nm}^3$。

4）烟气中 N_2 含量计算

由氧枪喷入底吹熔炼炉的空气量为 $4210 \text{Nm}^3/\text{h}$，其中 N_2 的含量为：$4210 \times 0.79 = 3325.9 \text{Nm}^3$；

根据实际生产经验，取烟气中 SO_2 的浓度为 30%，设熔炼炉烟气量为 w，则

$$7165.2/w = 30\% \qquad (5\text{-}7)$$

解得 $w = 23884 \text{m}^3/\text{h}$；

漏风中利用的氧气量为：$9804.5 - 9084.1 = 720.4 \text{m}^3/\text{h}$；

设漏风量为 u，则

$$994.40 + 5116.96 + 7165.2 + 3325.9 + 0.79u + 0.21u - 720.4 = 23884$$

解得 $u = 8002.24 \text{m}^3/\text{h}$。

漏风中 N_2 为：$8002.24 \times 0.79 = 6321.77 \text{m}^3$；

烟气中 N_2 含量为：$3325.9 + 6321.77 = 9647.67 \text{m}^3$。

5）烟气中 O_2 含量计算

烟气中 O_2 含量为：$8002.24 \times 0.21 - 720.7 = 959.77 \text{m}^3$。

将烟气中各成分列于表 5-11。

表 5-11　烟气成分表

成分	来源	生成物量/(kg/h)	生成物体积/(Nm³/h)	体积分数/%
	燃料中碳的燃烧	1155		
CO_2	精矿中 $CaCO_3$ 分解	798.29		
	小计	1953.29	994.40	4.16
	燃料中氢的燃烧	276.24		
	铜精矿中含水	3787		
H_2O	燃料含水	5		
	空气含水	43.60		
	小计	4111.84	5116.96	21.43
SO_2	精矿脱硫	20472	7165.2	30
	空气带入		3325.9	
N_2	漏风		6321.77	
	小计		9647.67	40.39
O_2	空气中过剩		959.77	4.02
总计			23884	100

从表 5-11 可以看出，烟气中 N_2 的含量最高，占烟气量的 40.39%，这主要是由于漏风带入大量空气。漏风导致烟气量大大增加，烟气带走的热量增大，熔炼炉的效率降低。

从表 5-11 还可以看出，烟气中 SO_2 的含量大，占烟气量的 30%。烟气中高 SO_2 含量有利于利用烟气制酸。

另外，烟气中水的含量为 21.43%，含量比较高，烟气中高水分含量将导致其蒸发吸热量大，从而增大熔炼炉的热损失。

5.1.2　热平衡测试、计算与分析

1. 氧气底吹熔炼炉热平衡测试方案

根据氧气底吹熔炼炉的特点，采用正平衡法（直接测量熔炼炉的工质流量、参数和燃料消耗数量及其发热量，按一定的公式求出熔炼炉的效率的方法）和反平衡法（通过测量熔炼炉各项热损失来确定熔炼炉效率的方法）相结合的综合平衡法来测定熔炼炉的各种参数，从而得出熔炼炉的热平衡表，并根据热平衡表分析能量的走向，提出相应的改进措施[4-6]。

1）热平衡测试基准的确定

（1）基准期的确定及数据选择。

选择热平衡测试前的 1 个月为基准期，要求在基准期内氧气底吹熔炼炉操作基本稳定，且无重大设备和操作事故。氧气底吹熔炼炉热平衡测试基准期期间的有关数据为基准数据；环境基准温度为氧气底吹炉不出铜或不出渣时的平均环境温度。

（2）热平衡测试期的选择原则。

要求氧气底吹熔炼炉在稳定操作期，不频繁变料，相关技术指标（氧矿比、熔炼强度等）相对稳定，且无重大操作事故的时期进行测定。

（3）测定周期的确定。

测定时，按每小时进入氧气底吹熔炼炉的物料量和出炉铜锍、铜渣、烟尘和烟气量为一个周期，在一个周期内，除出炉铜锍温度、铜渣温度不能连续测定外，其他各项均可同时连续测定。

（4）测定基准的选择。

基准温度采用 0℃；基准压力采用 101325Pa；物料的发热量按燃料基低位发热量计算；热平衡均以每小时底吹炉中的物料输入输出量为基准。

2）热平衡测试项目及测试方法

对氧气底吹熔炼炉炼铜系统的主要测试项目有：

（1）通过取样化验各物料成分（入炉物料，出炉产物主要为铜锍、铜渣及烟气，由元素分析化验单推算出铜精矿矿物合理组成）；

（2）通过配料和输送系统或现场的物料总量测量仪器获取进出氧气底吹熔炼炉的物料量；

（3）采用铠装热电偶测量铜锍、铜渣出炉温度；

（4）通过现场流量计获取富氧空气的入炉量及水冷套中水的流量；

（5）使用烟气分析仪测量烟气成分，使用热电偶测烟气温度；

（6）使用干湿球温度计测量基准环境温度、湿度；

（7）选取炉体外壁测量点，采用红外测温仪测量壁面温度；

（8）通过设计资料获取炉壁结构参数及其材料的物性参数。

2. 热收入计算

以下按 1h 的热收入计算。

1）硫化物离解生成的游离硫氧化放热

铜精矿中有 $CuFeS_2$ 29481kg，其中含 10209kg Cu，8972kg Fe，10300kg S；有 FeS_2 8468kg，其中含 3942kg Fe，4526kg S；有 Cu_2S 2400kg，其中含 1917kg Cu，483kg S[7]。

$CuFeS_2$ 和 FeS_2 的分解反应如式（5-8）和式（5-9）所示。

$$2CuFeS_2 \!=\!=\!= Cu_2S+2FeS+S \qquad \Delta H=39.98MJ/kmol \qquad （5\text{-}8）$$

$$FeS_2 \!=\!=\!= FeS+S \qquad \Delta H=561kJ/kg \qquad （5\text{-}9）$$

从式（5-8）和式（5-9）可看出，$CuFeS_2$ 中 1kg S 游离出 0.25kg S，故 $CuFeS_2$ 分解生成的 S 为：10300/4=2575kg，生成的 FeS 为 14113.51kg。8468kg FeS_2 分解生成 6205.07kg FeS，游离出 2262.93kg S。故生成的总 S 量为：2575+2262.93= 4837.93kg。

S 按式（5-10）进行燃烧。

$$S+O_2 \!=\!=\!= SO_2 \qquad \Delta H=-9.25MJ/kg \qquad （5\text{-}10）$$

故游离硫的氧化放热量

$$q_1=4837.93kg×9.25MJ/kg=44750.85MJ$$

2）FeS 的氧化放热

$CuFeS_2$ 离解生成 FeS 14113.51kg，FeS_2 离解生成 FeS 6205.07kg，共计 20318.58kg，其中含 Fe 12908.57kg。

由物料衡算知，FeS 并没有完全被氧化，有一部分留在了炉渣和铜锍中，其中，有 309.30kg 留在了炉渣中，4432.44kg 留在了铜锍中，共计 4741.74kg 未被氧化。故参加氧化的 FeS 的量为：20318.55-4741.74=15576.81kg。

FeS 按式（5-11）进行氧化。

$$FeS+3/2O_2 \!=\!=\!= FeO+SO_2 \qquad \Delta H=-470.49MJ/mol \qquad （5\text{-}11）$$

则 FeS 的氧化放热量

$$q_2 = 15576.84 \times 470.49/88 = 83281.22\text{MJ}$$

3）FeO 与 SiO_2 造渣放热

由化学反应手册可知，造渣反应对 1kg Fe 而言，其放热量为 0.418MJ。由物料衡算可知，参加造渣的 Fe 为 9526.50kg。则 FeO 与 SiO_2 的造渣放热量为

$$q_3 = 9526.50 \times 0.418 = 3982.08\text{MJ}$$

4）煤粉燃烧放热

根据煤粉的化学组成，煤粉放热量为 27.2144MJ/kg，煤粉质量为 500kg。则煤粉燃烧放热量为

$$q_4 = 500\text{kg} \times 27.2144\text{MJ/kg} = 13607.2\text{MJ}$$

5）炉料显热

炉料显热为

$$q_5 = 53600\text{kg} \times 0.63\text{kJ/(kg·℃)} \times 20℃ = 675.36\text{MJ}$$

其中：0.63kJ/(kg·℃)是炉料的比热容；20℃是炉料入炉时的温度。

6）煤粉显热

煤粉显热为

$$q_6 = 500\text{kg} \times 1\text{kJ/(kg·℃)} \times 30℃ = 15\text{MJ}$$

其中：1kJ/(kg·℃)是煤粉的比热容；30℃是煤粉入炉时的温度。

7）入炉空气显热

入炉空气包括富氧空气和漏风。

富氧空气量为 12410m^3，其中纯氧量为 8200m^3，空气量为 4210m^3，故总氧量为：8200+4210×0.21=9084.1m^3；N_2 为：4210×0.79=3325.9m^3。富氧空气温度为 50℃。

漏风中氧气量为：8002.24×0.21=1680.47m^3；氮气量为 6321.77m^3。漏风温度为 20℃。

已知 O_2 的平均比热容为 1.5kJ/(m^3·℃)，氮气的平均比热容为 1.36kJ/(m^3·℃)。故，入炉空气显热为

$$q_7 = (9084.1 \times 1.5 \times 50) \times 10^{-3} + (3325.9 \times 1.36 \times 50) \times 10^{-3} + (1680.47 \times 1.5 \times 20) \times 10^{-3}$$
$$+ (6321.77 \times 1.36 \times 20) \times 10^{-3} = 1129.83\text{MJ}$$

3. 热支出计算

1）硫化物离解吸热

$CuFeS_2$ 和 FeS_2 的分解反应如式（5-8）式（5-9）所示。

$CuFeS_2$ 分解吸热量为：(29481kg×39.98MJ/kmol)/183.52=6422.46MJ；

FeS_2 分解吸热量为：8468kg×561kJ/kg=4750.55MJ；

故硫化物离解总的吸热量为

$$q_8=6422.46+4750.55=11173.01MJ$$

2）铜锍带走热量

取铜锍比热容为 0.75kJ/(kg·℃)，放出温度为 1300℃，铜锍带走热量为

$$q_9=19909\times0.75\times1300=19411.275MJ$$

3）炉渣带走热量

取炉渣比热容为 1.26kJ/(kg·℃)，放出温度为 1300℃，炉渣带走热量为

$$q_{10}=21726\times1.26\times1300=35587.19MJ$$

4）烟尘带走热量

取烟尘比热容为 0.92kJ/(kg·℃)，排出温度为 1200℃，烟尘带走热量为

$$q_{11}=1247\times0.92\times1200=1376.69MJ$$

5）精矿和燃料中水分蒸发吸热[8, 9]

精矿和燃料中水分蒸发消耗的热量可由式（5-12）计算

$$q_{12}=W[(t_1-t_0)\times C_1+q_{潜}]+[t_2\times C_3-t_1\times C_2]V \qquad (5-12)$$

式中：q_{12}——精矿和燃料中水蒸发消耗的热，kJ；

W——精矿和燃料中水的质量，kg；

t_1——水的沸腾温度，100℃；

t_0——水的起始温度，20℃；

C_1——水的比热容，4.18kJ/(kg·℃)；

$q_{潜}$——水的蒸发潜热，2256kJ/kg；

t_2——烟气温度，1200℃；

C_3——在 1200℃时水蒸气的平均比热容，1.77kJ/(m³·℃)；

C_2——在 100℃时水蒸气的平均比热容，1.5kJ/(m³·℃)；

V——精矿和燃料中水变成水蒸气的体积，$3792\times22.4/18=4718.93m^3$。

代入数据，精矿和燃料中水分蒸发吸热量为

$$q_{12}=\{3792[(100-20)\times4.18+2256]+(1200\times1.77-100\times1.5)\times4718.93\}=19137.965MJ$$

6）烟气带走热量

烟气各组分带走的热量计算公式如式（5-13）所示

$$q_i=V_iC_{pi}t_2 \qquad (5-13)$$

式中：q_i——烟气中某一组成成分带走的热量，kJ；

V_i——烟气中某一组成成分体积，m³；

C_{pi}——烟气中某一组成成分在 t_2 时的平均比热容，kJ/(m³·℃)；

t_2——烟气温度，1200℃。

$$q_{CO_2}=994.40\times2.27\times1200=2708.76MJ$$

$$q_{H_2O}=[(276.24+43.6)\times22.4]/18\times1.77\times1200=845.4MJ$$

$$q_{SO_2} = 7165.2 \times 2.28 \times 1200 = 19603.99 MJ$$

$$q_{N_2} = 9647.67 \times 1.36 \times 1200 = 15745 MJ$$

$$q_{O_2} = 959.77 \times 1.5 \times 1200 = 1727.59 MJ$$

烟气带走热量为

$$q_{13} = q_{CO_2} + q_{H_2O} + q_{SO_2} + q_{N_2} + q_{O_2} = 40630.74 MJ$$

7）炉体散热[7, 10-12]

（1）通过炉壁表面的散热损失。

氧气底吹熔炼炉为一卧式圆柱形熔炼炉，炉壁表面散热包括炉身和炉壳端面两部分，散热损失的热流计算公式如式（5-14）～式（5-16）所示。

$$Q_壁 = q_壁 F_均 \tag{5-14}$$

$$q_壁 = \alpha_总 (t_外 - t_空) \tag{5-15}$$

$$\alpha_总 = \alpha_辐 + \alpha_对 \tag{5-16}$$

式中：$\alpha_辐$——外表面对空气的辐射给热系数，$W/(m^2 \cdot ℃)$；

$\alpha_对$——外表面对空气的对流给热系数，$W/(m^2 \cdot ℃)$；

$t_外$——炉壁外表面温度，℃；

$t_空$——炉壁周围空气的温度，℃；

$F_均$——外表面散热面积，m^2；

经现场测定，炉身外表面温度为 200℃，炉壳端面外表面温度为 150℃。

从《有色冶金炉》[13]可知，炉身外表面总换热系数 $\alpha_{总1} = 25.5 W/(m^2 \cdot ℃)$，热流密度 $q_{壁1} = 4590 W/m^2$；

炉壳端面总换热系数 $\alpha_{总2} = 23.2 W/(m^2 \cdot ℃)$，热流密度 $q_{壁2} = \alpha_{总2} \times 150 = 3016 W/m^2$。

炉身面积 $S_1 = \pi DL - \pi r_1^2 = \pi(4.4 \times 16.5 - 1.44) = 223.34 m^2$；

炉壳端面面积 $S_2 = 2\pi r_2^2 = 2 \times \pi \times 2.2^2 = 30.41 m^2$；

式中：D——氧气底吹熔炼炉的外径；

L——氧气底吹熔炼炉的长度；

r_1——排烟口的半径；

r_2——熔炼炉的半径。

热损失的计算公式如下：

$$Q_{炉身} = q_{壁1} \times S_1 = 4590 W/m^2 \times 223.34 m^2 = 1025130.6 W$$

$$Q_{侧面} = q_{壁2} \times S_2 = 3016 W/m^2 \times 30.41 m^2 = 91716.56 W$$

$$Q_壁 = Q_{炉身} + Q_{侧面} = 1025130.6 + 91716.56 = 1117856.96 W = 4020.65 MJ/h$$

（2）通过炉门炉孔的热损失。

辐射热损失的计算如式（5-17）所示

$$Q_{孔辐} = 5.67(0.01T)^4 F_孔 \, \phi k_{开口}(\text{W}) = 0.02041(0.01T)^4 F_孔 \phi k_{开口}(\text{MJ/h}) \qquad (5\text{-}17)$$

式中：T——炉内温度，K；

$F_孔$——炉墙上门孔或缝隙的面积，m^2；

ϕ——遮掩系数，取决于炉内炉孔的形状和尺寸，对于该几何参数下的炉门取 0.8；

$k_{开口}$——每小时内孔口的敞开时间，h/h。

对于氧气底吹熔炼炉，烟气出口的辐射热损失最大，根据式（5-17），得烟气出口的辐射热损失为

$$\begin{aligned}
Q_{烟口辐射} &= 0.02041(0.01T)^4 F_孔 \, \phi k_{开口} \\
&= 20.41 \times 14.73^4 \times \pi \times 1.6 \times 0.8 \times 1 \\
&= 3863.80 \text{MJ/h}
\end{aligned}$$

炉体散热为：$q_{14} = Q_{墙} + Q_{烟口辐射} = 4020.65 + 3863.80 = 7884.45 \text{MJ/h}$。

8）不可计量热损失

其他热损失包括水冷套带走热量和测量误差的热损失，都计入热平衡计算差额，计为 q_{15}，则

$$q_{15} = q_1 + q_2 + q_3 + q_4 + q_5 + q_6 + q_7 - q_8 - q_9 - q_{10} - q_{11} - q_{12} - q_{13} - q_{14} = 12240.22 \text{MJ/h}$$

根据以上计算结果，可将氧气底吹熔炼炉热量平衡列于表 5-12。

表 5-12　氧气底吹熔炼炉热量平衡表

	项目	热量/(MJ/h)	百分含量/%
热收入	硫化物离解生成的游离硫氧化放热量	44750.85	30.35
	FeS 的氧化放热	83281.22	56.48
	造渣放热	3982.08	2.7
	煤粉燃烧放热	13607.2	9.23
	炉料显热	675.36	0.46
	煤粉显热	15	0.01
	入炉空气显热	1129.83	0.77
	合计	147441.54	100
热支出	硫化物离解吸热	11173.01	7.58
	铜锍带走热量	19411.275	13.17
	炉渣带走热量	35587.19	24.14
	烟尘带走热量	1376.69	0.93
	水分蒸发吸热	19137.965	12.98
	烟气带走热量	40630.74	27.55
	炉体散热	7884.45	5.35
	不可计量热损失	12240.22	8.30
	合计	147441.54	100

4. 氧气底吹熔炼炉热平衡结果分析与节能措施

1）热效率计算

$$正平衡热效率 = \frac{有效热量}{总供入热量} \times 100\% = \frac{硫化物离解吸热 + 铜锍带走热量}{总供入热量} \times 100\%$$

$$= \frac{11173.01 + 19411.275}{147441.54} \times 100\% = 20.75\%$$

2）烟气烟尘余热的回收利用

由氧气底吹熔炼炉热平衡表可以看出，烟气带走的热量占总热量的 27.55%，烟尘带走的热量占总热量的 0.93%，两者合计占热支出的 28.48%。烟气带走的热量很大，将导致氧气底吹熔炼炉的热效率大大降低。而且出炉烟气的温度很高，达到1200℃，该高温烟气热焓高，因此，烟气余热的回收利用是提高底吹熔炼炉热效率、节约能源的有效途径。造成烟气带走热量大的主要原因是烟气量太大（尽管氧气底吹熔炼炉采用富氧空气，烟气量理应较少，但熔炼炉漏风，导致烟气量增大）。

针对这种情况，为了减少烟气带走的热量，首先应减少烟气的总量，要求做到以下几点：

（1）提高加料口、烟气出口的气密性，减少漏风率。

（2）定期检查炉门、加料口及出料口的气密性。

（3）有效控制熔炼炉内压力，使其处于微负压状态，减少熔炼炉漏风。

3）炉渣废热的利用

从热平衡表中可看出，炉渣带走的热量占总热量的 24.14%，它的热焓也很高。因此，加强此部分余热回收利用也将提高底吹熔炼炉的热效率。

4）降低水分蒸发吸热

从热平衡表中可以看出，熔炼炉内水分蒸发吸热占总热量的 12.98%。由物料衡算知，熔炼炉内水分主要来源于精矿和燃料，其中精矿中水分含量达 7.59%，含量很高。由于环境要求，炉料在配料车间需要加入一定量的水分使其不产生大量的粉尘，因此，要合理控制加入的水分，使其既满足现场环境的要求，又能尽量减少水分的蒸发吸热，降低熔炼炉的热损失，达到节能的效果。

5）减少炉体散热

氧气底吹熔炼炉的炉体散热损失包括炉壁散热损失和炉门炉孔的散热损失。从氧气底吹熔炼炉热平衡表中可看出，炉体散热损失占总热量的 5.35%，由于炉内温度很高（1200℃以上），为增强炉体的寿命并减少炉体向环境的散热，底吹熔炼炉对耐火材料及保温材料的要求也很高。目前该炉采用的是钢板外壳内衬铬镁砖，故可在考虑成本的前提下改进耐火材料及保温材料，从而保证底吹炉的寿命并降低此项热损失。

不可计量热损失占总热支出的 8.30%，主要包括冷却水带走的热量和测量数据误差造成的数据计算结果误差等。在此部分中，对于冷却水带走的热量，由于未能对其进行测量、计算，并不清楚冷却水具体带走多少热量，但根据经验值，其带走的热量也较高，占总热量的 5%左右。但是，由于冷却水水量多，水温升高幅度小，故冷却水的热量属于量大、热焓低的余热，利用价值不是很大，以目前的技术回收，有可能出现投入大于收益的情况，所以此部分热量暂时不能得到很好的利用。随着技术的改进，这一部分余热也能得到合理利用。

5.2　底吹熔炼炉冶金计算系统

基于以上物料衡算及热平衡计算与分析方法，设计了基于 C 语言的氧气底吹熔炼炉冶金计算系统，一方面有利于现场员工操作，提高工作效率；另一方面有利于整个氧气底吹熔炼系统的操作水平整体提升，最大限度地发挥系统的优越性。设计的氧气底吹熔炼炉冶金计算系统人机交互界面如图 5-1 所示。

图 5-1　氧气底吹熔炼炉冶金计算系统人机交互界面

登录系统后，就会进入简洁的基本数据输入界面，其中有两部分数据需要输入。一是入炉铜精矿的元素及物相组成，二是熔炼炉产出冰铜的品位及其他熔炼炉产出数据，具体如图 5-2 所示。现假设已经输入某组合理正确的入炉铜精矿及熔炼炉产出数据，程序将自动计算出氧气底吹熔炼炉的物料平衡表及热量平衡表，可在程序里直接显示，也可导出 Excel 表格进行保存，程序输出的氧气底吹熔炼炉的物料平衡表及热量平衡表界面分别如图 5-3 和图 5-4 所示。

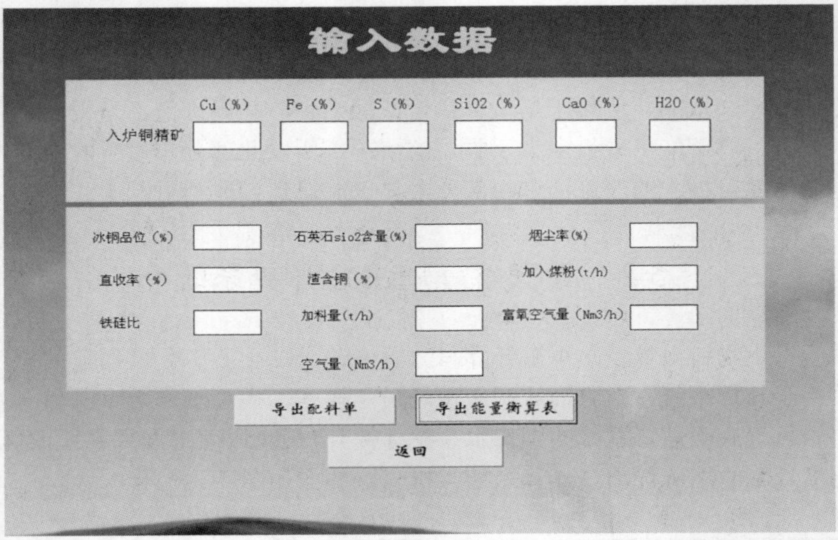

图 5-2　数据输入界面

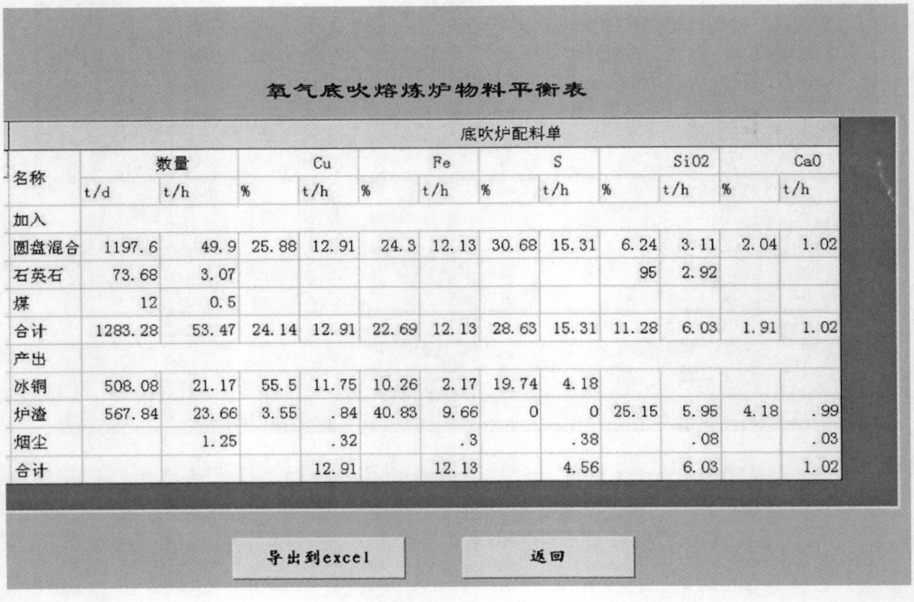

底吹炉配料单												
名称	数量		Cu		Fe		S		SiO2		CaO	
	t/d	t/h	%	t/h	%	t/h	%	t/h	%	t/h	%	t/h
加入												
圆盘混合	1197.6	49.9	25.88	12.91	24.3	12.13	30.68	15.31	6.24	3.11	2.04	1.02
石英石	73.68	3.07							95	2.92		
煤	12	0.5										
合计	1283.28	53.47	24.14	12.91	22.69	12.13	28.63	15.31	11.28	6.03	1.91	1.02
产出												
冰铜	508.08	21.17	55.5	11.75	10.26	2.17	19.74	4.18				
炉渣	567.84	23.66	3.55	.84	40.83	9.66	0	0	25.15	5.95	4.18	.99
烟尘		1.25		.32		.3		.38		.08		.03
合计				12.91		12.13		4.56		6.03		1.02

图 5-3　氧气底吹熔炼炉物料平衡表输出界面

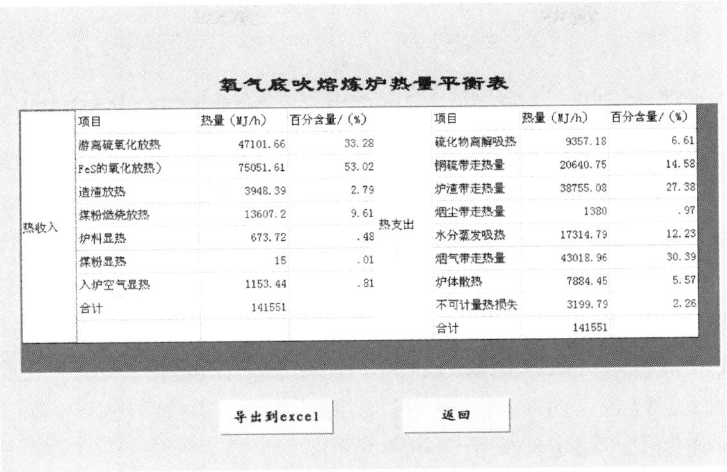
氧气底吹熔炼炉热量平衡表

	项目	热量（MJ/h）	百分含量/（%）		项目	热量（MJ/h）	百分含量/（%）
热收入	游离硫氧化放热	47101.66	33.28	热支出	硫化物离解吸热	9357.18	6.61
	FeS的氧化放热）	75051.61	53.02		铜硫带走热量	20640.75	14.58
	造渣放热	3948.39	2.79		炉渣带走热量	38755.08	27.38
	煤粉燃烧放热	13607.2	9.61		烟尘带走热量	1380	.97
	炉料显热	673.72	.48		水分蒸发吸热	17314.79	12.23
	煤粉显热	15	.01		烟气带走热量	43018.96	30.39
	入炉空气显热	1153.44	.81		炉体散热	7884.45	5.57
	合计	141551			不可计量热损失	3199.79	2.26
					合计	141551	

导出到excel
返回

图 5-4　氧气底吹熔炼炉热量平衡表输出界面

氧气底吹熔炼炉冶金计算系统大大减少了生产过程中的重复物料平衡及热量平衡计算工作量，人机交互界面设计简洁，操作方便，结果输出明了，对于氧气底吹熔炼系统的性能发挥及整体优化具有重要意义。

参 考 文 献

[1] 胡先志.基于 BP 神经网络控制的冶炼炉控制策略的研究与应用[D]. 南昌：南昌大学硕士学位论文，2007.

[2] 张旭斌. P-S 转炉熔剂加入及铜锍加入优化模型的研究[D]. 南昌：南昌大学硕士学位论文，2011.

[3] 龚美菱. 相态分析与地质找矿[M]. 2 版. 北京：地质出版社，2007.

[4] 李明宇，宋洁. 用正平衡法校核加热炉变工况运行热效率[J]. 中国石油和化工标准与质量，2013，33（13）：257-261.

[5] 李军，周维英. 主变损失统计数据的正平衡法校核[J]. 热电技术，2005，(2)：22-25.

[6] 陈知若. 底吹熔池炼铜技术的应用[J]. 中国有色冶金，2009，38（25）：16-22.

[7] 钱惠国，沈恒根，顾平道. 工业炉窑壁面散热回收技术应用研究[J]. 环境科学与技术，2010，33(A2)：343-345，494.

[8] 叶逢春. 铜精矿深度干燥技术的述评[J]. 有色冶金设计与研究，2001，22（3）：4-8.

[9] Li Y，Zhao X，Zhang Y，et al. Drying characteristics of metal sulphide concentrate and drying device[J]. Sulphuric Acid Industry，2008，（1）：18-22.

[10] 张永柱，郭学益，王庆，等. 氧气底吹铜清洁熔炼技术进展[C]. 中国有色金属冶金第一届学术会议，长沙，2014.

[11] 朱祖泽，贺家齐. 现代铜冶金学[M]. 北京：科学出版社，2003：256-262.

[12] 彭荣秋. 铜冶金[M]. 长沙：中南大学出版社，2004：89-90.

[13] 周孑民. 有色冶金炉[M]. 北京：冶金工业出版社，2009：240-247.

第 6 章　底吹熔炼过程的数字化控制

氧气底吹熔炼过程是连续的生产过程,其炉内的冶金化学反应剧烈、反应动力学复杂,影响其熔体温度、冰铜品位及渣含铜等关键输出变量的因素很多[1],要保证生产平稳、工况稳定,并在最佳条件下运行,仅靠常规手动操作是相当困难的。因此,实现氧气底吹熔炼过程自动化控制是保证生产良好的必经之路。通过 DCS 与 PLC 结合,对生产过程进行实时监控,实现氧气底吹熔炼过程的数字化控制,可确保生产稳定、安全、可靠运行。

6.1　数字化控制系统

氧气底吹熔炼的过程数字化控制主要采用 DCS 和 PLC。DCS 主要用来采集现场仪表数据(如温度、压力、流量、液位/料位等)和控制调节阀门(电动阀和气动阀)。PLC 主要用来控制输送皮带的联锁启停、炉子倾转和锅炉自动振打装置。PLC 与 DCS 通过 Profibus-DP 进行通信,通过 OPC Sever 实现数据传输、远程调用[2, 3]。其系统配置如下。

6.1.1　测控点和控制回路

根据工艺专业的配置和生产操作要求,在熔炼 DCS 控制室集中显示和控制配料厂房、氧气底吹熔炼炉、余热锅炉、电收尘、骤冷塔、高温风机等工艺流程中的过程参数,具体包括:电动阀、气动调节阀调节和反馈、压力、流量、物位、温度等的检测与控制。

系统实际测控点统计如下:模拟量输入(AI)148 路,热电偶输入(TC)8路,热电阻输入(RTD)7 路,模拟量输出(AO)48 路,开关量输入(DI)213路,开关量输出(DO)87 路。

系统主要控制回路有:①铜精矿、渣精矿、石英石、煤等物料自动配料调节;②氧气和空气流量与入炉炉料配比调节;③氧气总管压力调节;④空气总管压力调节;⑤底吹炉负压调节;⑥汽包水位及蒸汽压力调节;⑦除氧器压力调节;⑧除氧器水箱水位调节;⑨骤冷塔水箱水位调节;⑩高温风机转速控制调节。

6.1.2　数字化控制系统的配置

　　氧气底吹熔炼过程数字化控制系统包括 1 套 DCS 系统、3 套 PLC。DCS 系统设置 1 个现场控制站、1 个工程师站（兼作操作员站）、2 个操作员站（兼作服务器）。其通过 profibus-DP 与 2 套 PLC 通信。其系统结构如图 6-1 所示。另 1 套 PLC 主要用于软测量模型、氧枪区域超温报警以及放渣、放铜锍自动预警。其设置 1 个操作站和 1 个优化控制站，用于显示底吹熔炼炉的运行状态、主要参量和重要的报警信息，以及通过机理分析得到的炉内反应的仿真动态画面。同时，还配备 DELL 塔式服务器以及条码打印机，该塔式服务器作为核心的数据服务器，担负着保存化验分析数据、提供数据检索和查询平台、处理各种服务请求的任务，从而实现化验分析数据共享，其共享平台结构如图 6-2 所示。

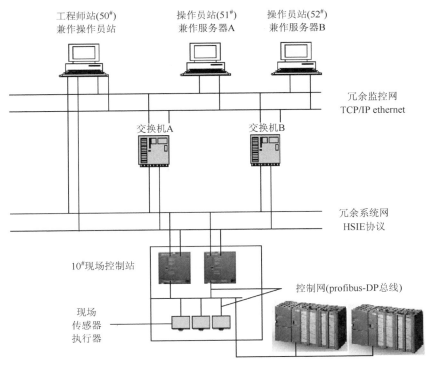

图 6-1　系统结构图

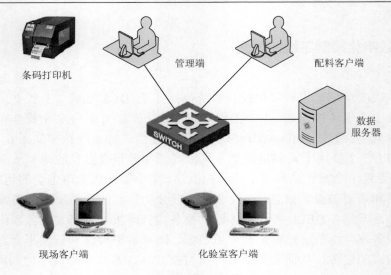

条码打印机　　　管理端　　　　　　　　配料客户端

数据服务器

现场客户端　　　　　化验室客户端

图 6-2　化验数据共享平台结构图

6.1.3　数字化控制系统的功能

　　氧气底吹熔炼炉采用数字化控制系统，通过 PLC 对物料输送设备进行联锁控制，实现逆生产流程联锁顺序启动，顺生产流程联锁顺序停机，保证炉子物料输送安全；通过 DCS，实现对生产过程的数据采集、控制运算、设备运行状态监视、实时数据处理和显示、历史数据管理、事故追忆、报警监视、日志记录、控制调节、数据共享、报表打印等；还可以对炉内生产过程进行模拟仿真，实现氧气底吹熔炼过程的优化控制。

　　数字化控制系统还可以提供丰富的显示画面，方便人机对话。方便的人机界面形象地显示了工艺过程状态，以便操作人员实时掌握炉内状况、现场设备的运行状况及参数变化。一旦工况发生异常，系统就会报警，提醒操作人员及时诊断并排除故障，保证正常生产。

6.2　氧气底吹熔炼优化控制

　　氧气底吹熔炼过程的控制仅靠人工经验来进行操作已不能满足企业现代化生产需求，需要对氧气底吹熔炼炉进行优化控制。按照生产经济技术指标，在整个炉子操作范围进行寻优控制，通过优化控制调节操作变量，将炉况稳定在最佳状态，从而摆脱对工人操作经验的依赖，减少人为因素导致的工况波动，稳住工况，使氧气底吹熔炼炉的控制水平更上一个台阶。

6.2.1　氧气底吹熔炼优化控制结构

氧气底吹熔炼优化控制是底吹熔炼炉过程数字化控制的核心,其结构如图 6-3 所示。优化控制层由三个子模块组成:控制回路预设定模块、反馈补偿模块和控制回路输出判别模块。在初始投料前,控制回路预设定模块根据当前原料的边界条件和控制目标输出投料量及氧气量等预设定值;然后利用产出的铜锍品位、炉渣含铜量及炉渣铁硅比的化验值,通过反馈补偿模块对原预设定值进行补偿,控制回路输出判别模块将最终设定值反馈给控制回路预设定模块,通过这种闭路循环协调控制,使得氧气底吹熔炼过程平稳而易控制,从而避免工况波动,保证了生产稳定、高效运行。

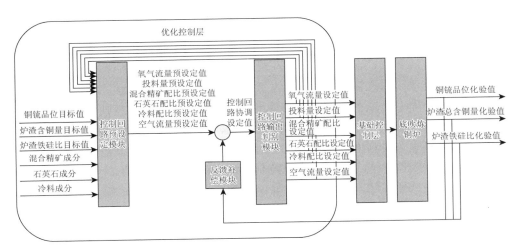

图 6-3　氧气底吹熔炼炉控制结构图

6.2.2　优化控制模块的功能

控制回路预设定模块将现场操作经验和历史数据以经验数据库的形式表现出来,其经验数据库的部分输入输出变量集合见表 6-1。根据当前原料的边界条件和控制目标,利用经验数据库当中的数据以及应用案例推理等智能推算法得出专家规则库,从而给出投料量、各种原料的配比、氧气和空气流量等操纵变量的预设定值。

表 6-1　经验数据库部分输入输出变量集合

输入变量集合															
原料的边界条件								控制目标			上次的基础控制回路设定值				
混合铜精矿铜成分含量	混合铜精矿铁成分含量	混合铜精矿硫成分含量	石英石二氧化硅含量	冷料铜成分含量	冷料铁成分含量	冷料硫成分含量	…	铜锍品位目标值	炉渣铁硅比目标值	炉渣总含铜目标值	投料量设定值	混合铜精矿配比设定值	石英石配比设定值	冷料配比设定值	氧气流量设定值	空气流量设定值

输出变量集合					
本次基础控制回路预设定值					
投料量预设定值	混合铜精矿配比预设定值	石英石配比预设定值	冷料配比预设定值	氧气流量预设定值	空气流量预设定值

　　反馈补偿模块通过搜集、分析、总结现场的专家操作经验和历史数据，建立反馈补偿经验数据库，从该数据库中提取设定值补偿方法"原型"，形成反馈补偿规则存储在反馈补偿专家规则库中，将工艺指标目标值与化验值之差按照大小分成若干个区间，在不同的区间对操纵变量施加不同的补偿量。反馈补偿模块根据工艺指标与检测值之差所属区间范围，利用反馈补偿专家规则库中的专家规则，给出预设定值的补偿量。

　　控制回路输出判别模块根据氧气底吹炉操作的专家经验，建立控制回路输出判别经验数据库，形成监督控制回路输出值合理性的判别专家规则。输出判别模块将预设定模块的预设定值和反馈补偿量相加，得出控制回路协调设定值。控制回路输出判别模块再利用判别专家规则对控制回路的协调设定值进行调整，以消除不合理的设定值，从而得到最终的控制回路设定值。

　　综上所述，氧气底吹优化控制的算法流程图如图 6-4 所示。其中，规则中的具体参数需要根据现场操作人员的经验、历史数据和现场实验确定，从而使氧气底吹熔炼过程实现最优控制。

6.3　过程参数的检测与控制

　　氧气底吹熔炼过程复杂，为了更好地控制炉子、稳住工况，必须对一些关键参数进行在线检测和控制。从原料配比到混合料入炉以及炉膛内烟气状况等，每个环节都需要进行检测计量，做到心中有数，才能更好地协调生产。

6.3.1　氧料比的给定与控制

　　氧气底吹熔炼炉的氧料比一般控制在 $120\sim150\mathrm{m}^3/\mathrm{t}$，其取决于矿料中的铁、

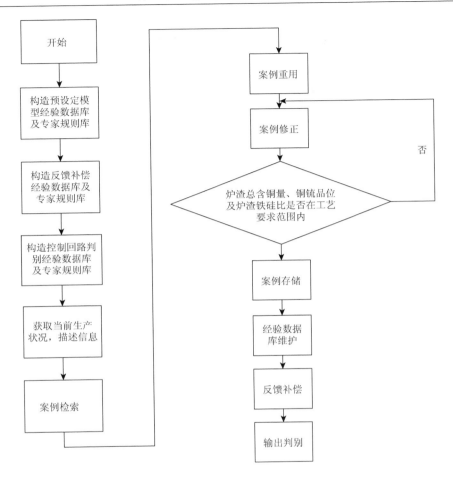

图 6-4　氧气底吹优化控制算法流程图

硫含量以及铜锍品位的预定目标值。根据生产指令，由配料客户端进行配料。因为整个系统内化验数据共享，料仓内矿料成分均可从数据库中调出，所以配料客户端能根据生产指令，随时调整入炉混合料成分，然后根据矿料的含硫量及铜锍品位的预定目标值来确定入炉氧气量。

　　入炉原料包括铜精矿、渣精矿、金精矿、返料、石英石等，通过定量给料机进行称重计量，采用变频调速的方式进行稳定给料。配料客户端根据生产指令，结合数据库中的矿料成分进行配料。配好的料经过混合料仓混合后，通过 3 台定量给料机从炉子加料口将混合料送入炉内，加料量均可在 DCS 上进行显示和控制。根据生产指标确定配料单，然后根据加料量及生产控制目标值来控制入炉氧气量。

底吹炉所用的氧气由制氧站通过氧压机送出，其最大输送量为 10000Nm³/h，压强为 0.7MPa，中间设置一个 100m³ 缓冲罐。压缩空气则由鼓风机房的 1 台离心空压机输送，最大气量为 9000Nm³/h，压强为 0.7MPa。如果离心空压机出故障，则由 4 台螺杆空压机送风，以保证底吹炉用气量。每台螺杆空压机最大产气量为 2400Nm³/h，压强为 0.7MPa。在底吹炉供风系统中，供氧总管和支管、供压缩空气的总管和支管都设有压力检测和流量检测。压力检测采用压力变送器进行测量，总管氧气和空气流量采用威力巴流量计进行检测。支管氧气和空气流量则采用 V 锥流量计进行检测，其安装不受气流方向的制约，便于安装，节省管线，特别适用于底吹炉氧枪多、管线布局密集的场合。

在氧气底吹熔炼过程中，先预设定氧料比的控制值，然后根据生产指令及控制目标值来确定加料量和氧气量，再根据生产过程变化进行实时调整。氧气量的控制通过调节高性能套筒气动调节阀的开度来实现。此外，熔炼过程中，还需要考虑入炉氧浓。氧浓的调节是根据入炉的需氧量和空气量进行间接调节。底吹炉入炉气体的氧气浓度因氧气与空气分开输送而无法直接测量，它是通过 DCS 系统编程计算得出的。其计算公式如下

$$P_0 = [(Q_{VO} + Q_{VA} \times 21\%)/(Q_{VO} + Q_{VA})] \times 100\% \tag{6-1}$$

式中：P_0——氧气浓度；

$\quad\quad Q_{VO}$——总氧气量；

$\quad\quad Q_{VA}$——总空气量。

此外，每支氧枪气体入炉的氧浓也是按以上计算公式进行计算的。

6.3.2　熔体液面的测控

氧气底吹熔炼过程反应剧烈，工况条件恶劣，使用直接在线检测设备测量熔体液面是无法实现的。为了更好地掌控炉况，采用软测量的方式。软测量就是根据底吹炉的进料量、出渣出铜锍量以及烟气流量成分，结合当前的反应情况，对炉内的反应进行机理分析，然后根据计算出来的各组分量进行液位推算，并进行图形化显示。

氧气底吹炉的熔体分为两层，即冰铜层和渣层。熔体液面软测量采用机理模型和数据驱动模型相结合，取长补短，提高测量精度。对机理建模和数据驱动建模方法得到的两个软测量模型的输出进行加权平均，得到最终的软测量结果。当生产条件稳定时，数据驱动模型所占的权值较大；当生产条件不稳定时，机理模型所占权重较大。熔体液面软测量方案架构如图 6-5 所示。

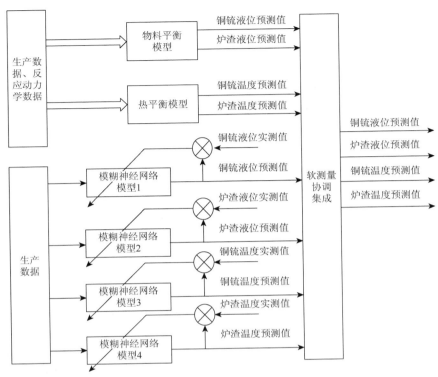

图 6-5　熔体软测量方案架构

由于人工神经网络[4]对函数具有良好的逼近特性，因此，采用人工神经网络结合机理分析的建模方法进行炉渣液位和铜锍液位的软测量。根据氧气底吹熔炼炉的输入输出物料情况，采用主元分析法确定对铜锍和炉渣液位影响大且易于测量的因素（如原料加料量、氧气加入量、空气加入量、烟气排出量、放炉渣量、放铜锍量和加料时间等）作为辅助变量，然后对辅助变量进行数据搜集，并进行适当的预处理。铜锍和炉渣液位的软测量结构如图 6-6 所示。

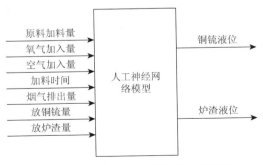

图 6-6　铜锍和炉渣液位软测量结构图

　　首先，利用已经获得的数据对人工神经网络的权值进行训练，得到初始的权值。然后，根据初始权值对铜锍和炉渣液位进行预测。随着生产的进行，利用产生的新数据对神经网络的权值不断地修正，直至预测精度满足要求。由于液位软测量会出现误差，所以需要对计算模型不断地矫正，使其精度逐渐符合真实情况。主要的校正途径有两种，一种是在放渣或放铜时操作员根据结束时的液位高度对液位进行校正；另一种是使用钢钎插入熔体内，根据钢钎上的分层进行液位校正，这种方法比较准确。通过不断地对液位测量模型进行校正，可以得出符合实际情况的液位数据，从而对实际生产提供数据支持。

　　氧气底吹炉熔体液面控制低于 1300mm，其中熔炼渣层控制在 200~300mm，铜锍层一般控制在 850~1000mm。根据操作指标，熔体液面的控制可以通过放渣、放铜锍或调整加料量等方式实现。当液面过高时，为防止放渣过程中带出铜锍，可通过放冰铜或者降低加料量的方式来降低熔体液面高度；当液面过低时，为防止底部氧枪鼓入的富氧空气进入渣层而引起喷炉事故，可以通过提高加料量、减少铜锍的排放来保证液面高度。

6.3.3　熔体温度的测控

　　熔体温度是氧气底吹炉熔炼过程控制的关键参数之一。熔体温度过高，熔体对炉衬的冲刷、侵蚀严重；熔体温度过低，渣的黏度增加，流动性差，放渣困难，甚至造成死炉。为了保证操作稳定和顺利放渣，通常熔体温度控制在 1180~1200℃。由于炉内反应剧烈，工况条件恶劣，目前没有可靠的测温元件能够直接测量熔体的温度。因此，采用间接测量的方式对熔体温度进行测量。

　　氧气底吹炉熔体温度的测量原理与熔体液面测量相同，也是采用软测量的方式，其软测量方案架构如图 6-5 所示。其根据物料能量守恒，建立热平衡模型，再通过人工神经网络模型计算熔体渣层和冰铜层的温度值。由于温度软测量有误差，因此，需要对软测量的温度值进行校正。在放渣、放铜锍时，利用一次性热电偶测量放出的熔炼渣及铜锍的温度，通过这个温度对软测量得出的熔体温度进行校正。模型进行一段时间的校正、学习，能较真实地反映实际熔体的温度，因此其可以用于指导生产。

　　熔体渣层和铜锍层温度的控制，可以通过调整氧气量和加料量的方式来实现。当熔体温度过高时，可以加大冷料的处理量或者降低氧气量；当熔体温度过低时，可以减少冷料处理量或者增大氧气量。具体的控制措施还需要结合生产的实际情况来权衡用哪种方式最合理。

6.3.4　炉子负压的测控

氧气底吹炉的炉膛负压采用智能式差压变送器进行测量，它与高温风机的变频器联锁，通过变频器调节高温风机的转速来维持炉内负压在−30～−100Pa。在炉膛负压控制中，采用一般的比例积分微分（PID）调节方法，构成单回路自稳定调节系统。当负压过低，超出设定值−30Pa 时，通过 PID 调节回路输出信号给高温风机的变频器，提高风机转速，防止炉内烟气外逸，确保现场作业环境良好。当负压过高，超出设定值−100Pa 时，通过 PID 自动调节输出信号控制高温风机的变频器，降低风机转速，以免炉内漏入过多的冷空气，增大烟气量、降低烟气二氧化硫浓度，给后续操作带来许多困难。

6.4　产物的化验分析与控制

氧气底吹熔炼炉的产物主要有铜锍、熔炼渣和烟气，及时掌握这些产物的成分对炉子的优化控制起着至关重要的作用。从取样到得出分析结果需要一定的时间，取样分析时间越短，调整工况的滞后时间就越短，对炉子优化控制越有利。在这个过程中，化验数据共享平台缩减了滞后时间，化验数据共享平台结构图如图 6-2 所示。

6.4.1　铜锍品位的测控

氧气底吹熔炼炉的铜锍品位一般控制在 45%～73%，厂家控制范围较小，如55%或 65%左右，其主要成分是硫化亚铁和硫化亚铜。冰铜的成分分析采用 X 荧光光谱仪，分析的元素主要有 Cu、Fe、S、SiO_2，其分析化验结果通过化验数据共享平台反馈回现场客户端，现场客户端根据化验结果调整工况。

铜锍品位主要与入炉炉料成分、氧料比、富氧浓度等因素有关。在熔炼过程中，当铜锍品位过高时，可适当增加高硫矿、降低冷料量，或降低氧料比；当铜锍品位过低时，可适当增加冷料量，或提高氧料比。

6.4.2　渣成分的测控

氧气底吹炉熔炼渣一般采用高铁渣型，Fe/SiO_2 控制在 1.6～1.8，渣含铜一般控制在 2%～4%。熔炼渣成分分析主要采用 X 荧光光谱仪，分析的元素主要有 Cu、

Fe、S、CaO、SiO_2，其化验结果反馈回现场客户端，现场客户端根据化验结果调整炉子操作。

底吹炉采用高铁渣型，可减少渣量、提高直收率。渣型的好坏直接影响直收率，而高铁渣型控制的关键是控制好 Fe/SiO_2，其一般通过调整熔剂率来实现。当 Fe/SiO_2 偏高时，可适当提高石英石的投入量；当 Fe/SiO_2 偏低时，可适当减少石英石用量。

6.4.3　烟气成分分析

氧气底吹熔炼炉出口烟气成分间接地反映炉内物料的反应情况。烟气成分主要有 O_2、SO_2、SO_3、H_2O、N_2 等，可采用质谱仪分析各组分的含量。根据现场的情况，烟气采样点分别设置在余热锅炉入口和电收尘出口。考虑到烟气温度高、粉尘多、水分含量大，每个采样点均采用一用一反吹的冗余设计，由 PLC 控制系统实现，正常工作时，PLC 控制相应的电磁阀动作，一套采样探头进行取样，另一套采样探头进行反吹，防止探头堵塞。探头采用法兰连接，采样探针伸入烟道的 1/3～1/2 位置。由于烟道内的高温高粉尘工况，为防止粉尘的冲刷，在探针外部设有保护套管，同时探针入口处设有金属网的过滤器，以减少进入取样管的粉尘，防止管线堵塞。采样探针结构如图 6-7 所示。

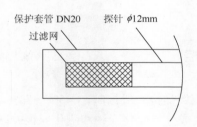

图 6-7　采样探针结构图

烟气成分分析结果通过 PLC 与底吹炉主控室的 PLC 通信连接传送至底吹熔炼炉现场客户端，为熔体软测量提供实时数据，用于物料平衡和热量平衡计算。还可以根据烟气分析结果判断系统的漏风是否正常，炉料成分、炉内反应有无异常，相应地做出必要调整。

6.5　"蘑菇头"的生长控制

"蘑菇头"对氧枪的作用具有双面性，一方面是"蘑菇头"的形成有利于保护氧枪、延长氧枪的使用寿命，对氧枪周边的耐火砖也能起到一定的保护作用；另一方面是"蘑菇头"长得不好，使得氧枪气体流通截面积变小，会影响气体输送量而导致工况波动，或者加剧氧枪烧损，使氧枪寿命下降。因此，"蘑菇头"的生长控制对氧枪和底吹炉来说至关重要。

6.5.1　"蘑菇头"的形成

氧枪"蘑菇头"的形成是解决氧枪寿命问题的关键[5,6]。氧气底吹熔炼炉采用槽缝式双层套管氧枪，内管通氧气，外管通空气以冷却保护氧枪。氧枪的供气压强为 0.4~0.6MPa，供气压力较高，为"蘑菇头"的形成创造了良好的条件。由于冷却空气的强烈喷入，其中氮气大量吸热，在氧枪喷嘴周围形成一个急冷区，从而使高熔点的 Fe_3O_4 在喷嘴周边的某个点上固化，固化的 Fe_3O_4 改变了原来气流方向，使得氧枪喷嘴气体阻力剧增，喷嘴出口端温度进一步降低，固化的 Fe_3O_4 越积越多，形成刚能覆盖氧枪喷嘴出口的"蘑菇头"，其直径为 200mm 左右，保护了氧枪。

6.5.2　"蘑菇头"的形貌和成分分析

氧气底吹熔池熔炼过程中，氧枪内环喷出的是工业氧气，在氧枪氧气通道的外围通高速流动的空气，空气对氧枪有冷却作用。氧枪周围的高温熔体遇冷的气体将生成结瘤，这一结瘤习惯上称为"蘑菇头"。"蘑菇头"使氧枪端头及其四周耐火材料与熔液隔开，有效地保护了氧枪及其四周的耐火材料，大大延长了氧枪的使用寿命[7]。通过对"蘑菇头"进行现场取样，分析其形貌及成分组成，掌握"蘑菇头"形成机理，可以使生成的"蘑菇头"更好地保护氧枪，从而延长氧枪的使用寿命。

1. "蘑菇头"的形貌分析

"蘑菇头"的电镜扫描形貌如图 6-8（放大倍数为 200）、图 6-9（放大倍数为2000）所示。

从"蘑菇头"的电镜扫描形貌图（图 6-8）中可以看到，"蘑菇头"中也存在多种形态不一样的物相，各物相相互交混存在，且各物相呈现出不同的晶体状。图 6-8 放大倍数只有 200，难以从图中判断出各个晶体的具体物相组成，而图 6-9是对图 6-8 中同一个晶相进行放大所得到的图像，根据这些电镜扫描图无法确定"蘑菇头"中各物相的具体组成。

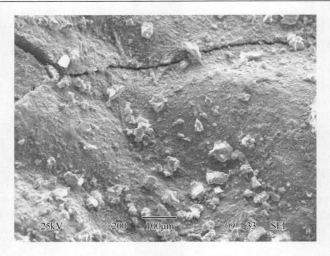

图 6-8　"蘑菇头"电镜扫描形貌图（×200）

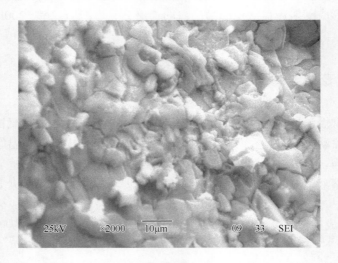

图 6-9　"蘑菇头"电镜扫描形貌图（×2000）

　　根据熔池熔炼过程中"蘑菇头"形成的机理和铜熔池熔炼的化学反应过程，可以判断"蘑菇头"中含有铜锍和 Fe_3O_4。由于铜锍相是白色，且铜锍一般呈颗粒状，故可判断图 6-8 和图 6-9 中的白色颗粒状和片状晶体为铜锍。从图中还可以看到，"蘑菇头"中铜锍的粒径不一，且相互层叠排列。

　　"蘑菇头"中其他相无法从电镜扫描图上确定，下面将通过 X 射线衍射确定"蘑菇头"的物相，并分析物相的组成。

2. "蘑菇头"的物相分析

采用 X 射线衍射（XRD）方法对"蘑菇头"的物相进行分析，得到了"蘑菇头"的 X 射线衍射结果，如图 6-10 所示。

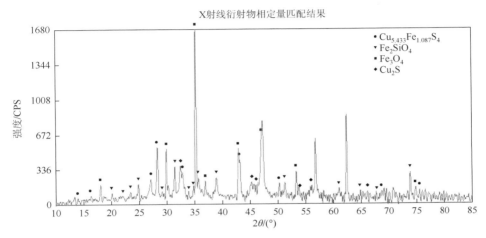

符号	物相	不同衍射峰计算出的各物相含量/%										各物相含量平均值/%
•	$Cu_{5.433}Fe_{1.087}S_4$	15.0	13.2	15.4	7.2	51.8	61.3	51.2	51.1	13.8	37.8	31.8
▼	Fe_2SiO_4	11.4	10.1	8.5	9.2	30.6	25.7	39.3	39.4	69.4	16.5	26.0
■	Fe_3O_4	59.7	64.5	66.5	70.0	9.2	7.7	5.1	5.1	9.0	24.5	32.1
♦	Cu_2S	13.9	12.2	9.6	13.6	8.5	5.3	4.4	4.4	7.8	21.2	10.1

图 6-10　"蘑菇头" X 射线衍射图

从图 6-10 中可以看到，"蘑菇头"中可分辨的结晶相有磁铁矿相（Fe_3O_4），占 32.1%；铜锍相，占 31.8%；铁橄榄石相（$2FeO \cdot SiO_2$），占 26.0%；Cu_2S，占 10.1%。

"蘑菇头"的 XRD 表明，在"蘑菇头"中，Fe_3O_4 的含量最多，除取样时的氧化作用外，由于氧枪出口处氧势最高，有利于 Fe_3O_4 的生成，且 Fe_3O_4 的熔点最高，在氧枪内空气的冷却下，氧枪周围熔体中 Fe_3O_4 最先析出，随着冷却的进行，析出的 Fe_3O_4 不断增加，所以在"蘑菇头"中，其含量最大。

"蘑菇头"中铜元素以铜锍和 Cu_2S 的形式存在，这表明，在氧枪周围，一部分 Cu_2S 与 FeS 结合形成了铜锍，还有一部分 Cu_2S 没有生成铜锍，而是单独存在，这可能是由于在氧枪周围，铜精矿未能分解生成足够的 FeS 与 Cu_2S 造锍，造成 Cu_2S 遇冷析出，也可能是由于 Cu_2S 与 FeS 还未来得及发生造锍反应就被冷却析出了。

"蘑菇头"中还含有铁橄榄石，这是由于在氧枪附近，2FeO 与 SiO_2 造渣反应

生成 $2FeO \cdot SiO_2$，$2FeO \cdot SiO_2$ 遇冷析出。

3. "蘑菇头"的元素组成分析

对"蘑菇头"进行等离子体原子发射光谱（ICP）分析，结果见表 6-2。

表 6-2　"蘑菇头" ICP 分析结果

元素	分析结果/%	元素	分析结果/%	元素	分析结果/%
Ag	0.018	Cr	0.0018	Ni	0.0045
Al	0.23	Cu	31.6	Pb	0.29
As	0.029	Fe	31.3	Sb	0.0010
Ba	0.0044	K	0.066	Si	>2.1
Bi	0.0010	Mg	0.072	Sn	0.0010
Ca	0.18	Mn	0.014	Ti	0.025
Cd	0.0010	Mo	0.0087	V	0.0010
Co	0.015	Na	0.0049	Zn	1.40

从表 6-2 中可以看到，"蘑菇头"中 Cu 和 Fe 的含量最多。由物相分析可知，Cu 元素在"蘑菇头"中以冰铜和 Cu_2S 的形式存在，且含量分别占 31.8%和 10.1%，所以，元素分析的结果中 Cu 元素的含量最多，与物相分析的结果一致。"蘑菇头"中 Fe 元素的含量达 31.3%，含量非常高。由物相分析知，Fe 元素在"蘑菇头"中以 Fe_3O_4 形式存在，且 Fe_3O_4 的含量高，故 Fe 元素的含量也高。

6.5.3　"蘑菇头"的控制

氧枪的寿命直接影响氧气底吹熔炼炉的操作效率[8, 9]。控制好"蘑菇头"，延长氧枪寿命，是底吹熔炼炉操作人员一直追求的目标。有研究认为，"蘑菇头"的半径 R 与吹入流量的平方根成正比，而喷枪流量和底吹压力成正比。因此，较大的底吹压力有助于"蘑菇头"的形成。由于底吹炉配备氧枪比较多，每支氧枪的"蘑菇头"生长情况不一样，因此，需要对每支氧枪进行流量检测与控制。氧枪支管的氧气和空气流量采用 V 锥流量计进行测量，流量控制采用高性能单座气动薄膜调节阀。根据氧枪支管的流量变化来了解各氧枪"蘑菇头"的形成情况，流量变小，说明氧枪"蘑菇头"形成过大，氧枪堵塞严重，可适当提高熔体温度来熔化"蘑菇头"，若是效果不明显，就考虑转出炉子，人为疏通氧枪。根据氧枪流量的历史趋势以及各氧枪之前"蘑菇头"的形成情况，调整各氧枪的流量，保证每支氧枪处于最佳状态，延长氧枪寿命，提高炉子操作效率。

参 考 文 献

[1]　王亲猛, 郭学益, 田庆华, 等. 氧气底吹铜熔炼渣中多组元造渣行为及渣型优化[J]. 中国有色金属学报, 2015, 25（6）: 1678-1686.

[2]　Gui W, Wang L, Yang C, et al. Intelligent prediction model of matte grade in copper flash smelting process[J]. Transactions of Nonferrous Metals Society of China, 2007, 17（5）: 1075-1081.

[3]　刘建华, 桂卫华, 谢永芳, 等. 基于投影寻踪回归的铜闪速熔炼过程关键工艺指标预测[J]. 中国有色金属学报, 2012, 22（11）: 3255-3260.

[4]　张立明. 人工神经网络的模型及其应用[M]. 上海: 复旦大学出版社, 1993.

[5]　袁集华, 陈永定, 唐仲和, 等. 底吹喷枪出口端蘑菇头形成机理及模拟研究[J]. 钢铁研究学报. 1994, 6（1）: 5-8.

[6]　崔志祥, 申殿邦, 王智, 等. 低碳经济与氧气底吹池炼铜新工艺[J]. 有色冶金节能, 2011,（1）: 17-20.

[7]　刘柳, 闫红杰, 周孑民, 等. 氧气底吹铜熔池熔炼过程的机理及产物的微观分析[J]. 中国有色金属学报, 2012, 22（7）: 2116-2124.

[8]　任鸿九. 有色金属熔池熔炼[M]. 北京: 冶金工业出版社, 2001.

[9]　曲胜利, 董准勤, 陈涛. 富氧底吹造锍捕金工艺研究[J]. 有色金属（冶炼部分）, 2013,（6）: 40-42, 57.

第 7 章　底吹熔炼过程的物理数值模拟

熔池熔炼过程属于典型的冶金多相流流动过程，各冶金反应之间相互耦合、相互影响，很难通过测试或者实验的方法对其内部各种参数进行研究，并且现场试验研究方法非常耗时耗力，且费用昂贵，因此，许多学者主要借助于水模型实验对熔池熔炼炉进行相关的研究[1-5]。但是，水模型实验结果在实际应用过程中有很大的局限性，而理论研究一直存在很多困难。随着计算机技术及数值计算方法的迅速发展，计算流体动力学（computational fluid dynamics，CFD）是一种能够真实揭示熔炼炉内流场、温度场和浓度场分布情况的有效方法。因此，理论计算、现场测试和数值方法相结合的研究方法也成为熔炼炉现有工况研究以及结构、操作参数综合优化的最佳选择。

7.1　底吹熔炼过程多相流动二维数值模拟与分析

7.1.1　单气泡上浮模拟分析

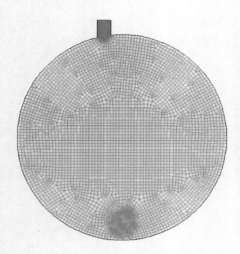

图 7-1　二维熔炼炉截面网格

在进行氧气底吹熔池熔炼过程的三维数值模拟之前，首先对二维单气泡的简化工况进行数值模拟，以研究单个气泡在铜锍区域的运动过程。二维截面选取的是熔炼炉的纵截面，单个气泡入口置于截面底部，初速度为零，气泡大小为 0.12m，即为氧枪直径的 2 倍。在进行网格化时，对初始气泡位置进行局部加密，具体结构和网格如图 7-1 所示。

二维截面单气泡工况采用前述求解策略进行求解。气泡在浮力、重力、表面张力以及黏性力的作用下在熔池截面上运动。图 7-2 依次为气泡在 0.6s、1s、2s、4s、4.6s 和 6s 各时刻的体积分数分布云图。

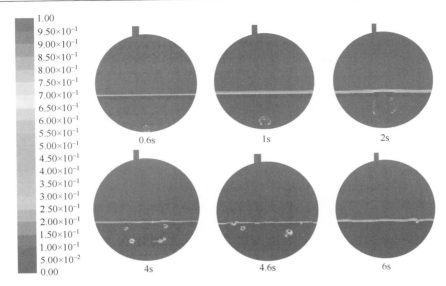

图 7-2　二维单气泡工况下各时刻熔炼炉内气相体积分数云图

由以上计算结果，可以完整地看到单个气泡在浮力、重力、表面张力以及黏性力的作用下在熔池截面上的运动过程。在气泡的上升过程中，由于铜锍运动黏度及密度较大，圆形气泡上升一小段距离之后便开始变成球冠状，在此段距离内气泡的上升速度很小，接近零；随着气泡的继续上升，气泡趋于扁平，并且破碎为多个小气泡，气泡开始破碎时距底部约为 0.65m，破碎时刻约为 1.5s 时，气泡的上升速度依然很小；随后，气泡迅速破碎为多个尺寸不一的小气泡，上升速度迅速增大，最终在熔池面破碎成气泡带，向熔池液面伸展。

7.1.2　二维氧气底吹熔池熔炼过程的数值模拟结果及分析

对单氧枪工况下氧气入口速度分别为 5m/s、10m/s、20m/s、40m/s 及 80m/s 时氧气底吹熔池熔炼多相流动过程进行二维数值模拟，计算结果及分析如下。

氧气底吹熔池熔炼过程中熔体自由液面波动及气相体积分数通过液气两相的瞬态迭代计算求解。图 7-3～图 7-7 给出了不同速度、不同时刻炉内熔体的自由液面波动状况及气相体积分数变化情况。

图 7-3 为氧气入口速度为 5m/s，t 为 1.3s、3.98s、59.3s 时底吹炉内熔体和气体的体积分数分布云图。从图中可以看出，在流速为 5m/s 时，气泡上浮到达熔体表面时，大气泡破碎，一部分气体脱离熔体进入熔炼炉上部，由烟道排出；一部分气体以小气泡的形式随熔体流向两侧，在铜锍内循环流动。熔体则由于气相的

作用，在液面上形成一个稳定的凸起部分，熔体由该部位不断向两侧运动。气泡破碎后形成的小气泡由于熔体内部的回流被带到壁面附近及熔池下部，延长了气体在熔池内的停留时间，有助于反应过程的进行。

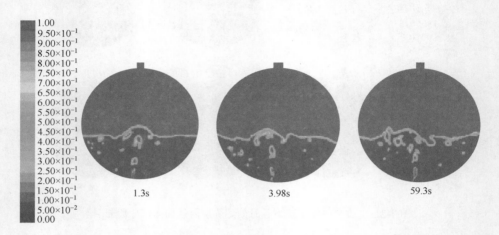

图 7-3　入口速度为 5m/s 时炉内自由液面位置及气相体积分数分布云图

图 7-4 为氧气入口速度为 10m/s，t 为 14s、26s、44s 时炉内熔体和气体的体积分数分布情况，从以上各图可以看出，与 5m/s 入口速度相比，熔池上部小气泡的分布范围更广，熔池内的气含率进一步增大，熔池内的搅拌强度增强，壁面附近由于液体的回流带入的气泡数量增多，液面波动状况剧烈。但是，没有大气泡熔体将喷溅到上部的现象。气泡上浮过程中的波动不是很明显。

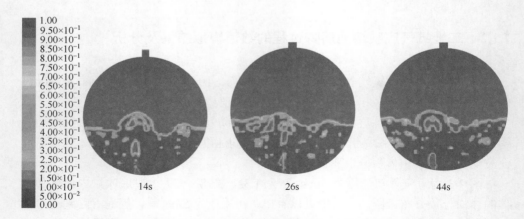

图 7-4　入口速度为 10m/s 时炉内自由液面位置及气相体积分数分布云图

图 7-5 为氧气入口速度为 20m/s，t 为 10s、15s、21.5s 时熔炼炉内熔体和气相的体积分数分布情况。从图中可以明显看到液面波动剧烈，由于受液面波动影响较大，大气泡上浮过程出现明显的摆动现象；气相运动的不稳定加剧了熔体液面的波动，部分熔体喷溅到炉壁两侧壁。熔体由于液面的波动而对气体和渣的卷吸加强，熔池内形成的小气泡数增加，壁面及熔池底部由于壁面的回流而带入的小气泡含量上升，气泡在整个熔池内的分布更加均匀，炉内的气含率进一步增加。

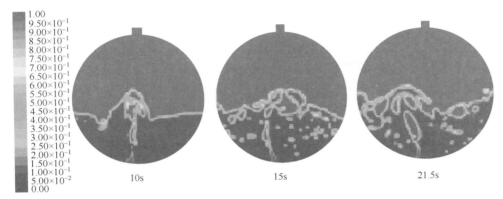

图 7-5　入口速度为 20m/s 时炉内自由液面位置及气相体积分数分布云图

图 7-6 与图 7-7 分别为氧气入口速度为 40m/s 和 80m/s 时不同时刻炉内熔体和气相体积分数的分布图，从图中可以明显看出随着气流速度的增大，气相在熔池内形成气柱，并随熔体的波动而左右摆动，当熔体中心液面波动至低位时，气体可直接冲出液面。熔体有剧烈的喷溅现象，部分熔体被高速气流带至熔炼炉上部甚至顶部，容易造成炉体上部及加料口处结渣。随着气流量的加大，熔池内部气含率也加大，小气泡在熔池内部分布比较均匀。

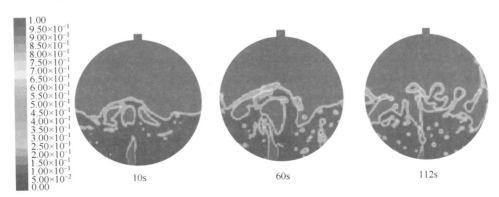

图 7-6　入口速度为 40m/s 时炉内自由液面位置及气相体积分数分布云图

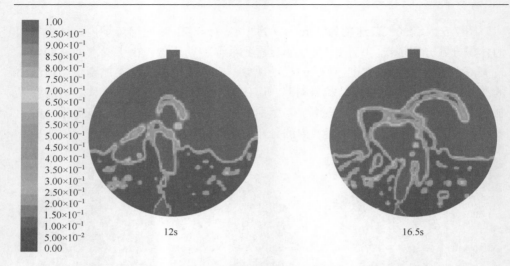

图 7-7　入口速度为 80m/s 时炉内自由液面位置及气相体积分数分布云图

　　图 7-8 给出了炉内流动稳定时熔池内的气含率与氧气入口流速的关系图。在速度较小的情况下，熔池内气含率随氧气入口流速的增加（气体流量的增加）而迅速增加。气体流速大于 40m/s 以后，由于形成喷射气柱，部分氧气直接冲出熔池，因此，氧气流量对气含率的影响逐步减小，熔池内气含率的变化趋于平缓。

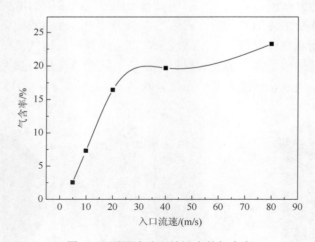

图 7-8　不同流速下熔池内的气含率

　　图 7-9～图 7-13 给出了不同氧气入口流速下熔炼炉内速度矢量图及流线图。从图中可以看出，当氧气流速为 5m/s 时，由于气相流速较小，破碎的气泡在熔池

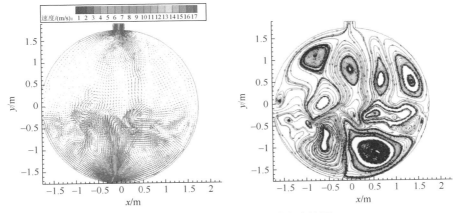

图 7-9　5m/s 时炉内速度矢量和流线图

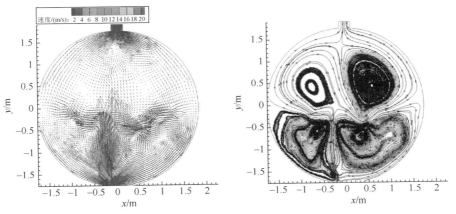

图 7-10　10m/s 时炉内速度矢量和流线图

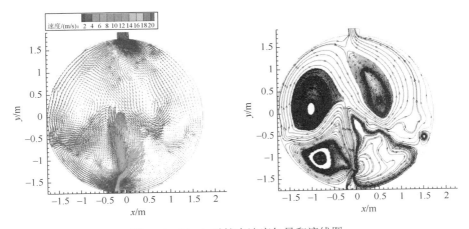

图 7-11　20m/s 时炉内速度矢量和流线图

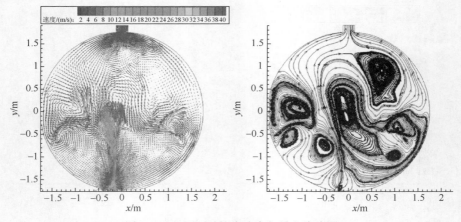

图 7-12　40m/s 时炉内速度矢量和流线图

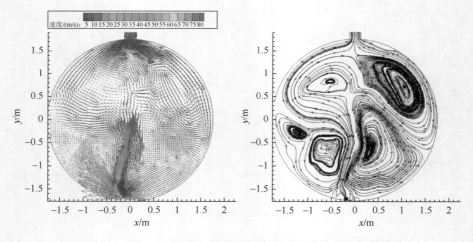

图 7-13　80m/s 时炉内速度矢量和流线图

内运动或在熔体表面逸出，均会对流场分布带来影响，在局部形成涡流。

　　随着氧气入口流速的增大，小气泡的运动带来的影响逐步被掩盖，铜锍在通入的氧气的搅动下，在气柱两侧形成涡流，通入气流流速较小时，在铜锍靠近气柱的地方形成两个大的涡流，随着流速的增大，熔体液面波动加强，小气泡数量增加，远离气柱的地方形成大小不一的小涡流。铜锍上部气体空间也出现类似的情况。两个大涡的形成，可使铜锍上部气含率较大的铜锍回流到底部，延长了氧气在熔体内的停留时间，有利于氧气在熔池内均匀分布，促进熔炼反应的进行。

　　由于在二维工况下仅考虑了熔炼炉纵截面上熔体与气体的相互作用，而对轴向方向上多相流之间的相互影响未做考虑，计算结果不能全面反映氧气底吹熔池熔炼过程的流态特征与关键参数，因此，在二维数值模拟的基础上对熔炼过程的多相流动进行三维数值模拟是非常必要的。此外，由于本研究是在恒常温条件下进行的，与实际过程可能有很大的差别，本研究中有关数值模拟结果只能在某种特定问题上理解与应用。因此，本研究的有关数值模拟结果只是对熔池内多相流动过程的初步了解，需要进一步深入研究以掌握熔池内流体运动的基本规律。

7.2　底吹熔炼过程气-液两相流动三维数值模拟与分析

底吹铜熔池熔炼过程是一个极其复杂的多相流动现象，通过对其实际物理过程进行适当简化处理，可以帮助我们很好地理解这一过程，从而有助于更深层次的研究。因此，首先进行氧气-铜锍两相流动的模拟，在完成对底吹铜熔池熔炼过程氧气-铜锍两相流动数值模拟的基础上，进一步考虑渣相对流动的影响，从而实现底吹铜熔池熔炼过程氧气-铜锍-渣三相流动的数值模拟。

为了了解现有设计工况下底吹熔炼炉内流动过程及其流动特性，以相应的设计参数为边界条件，对底吹熔炼炉内流动特性进行两相流动的三维数值模拟，获得底吹炉内流场分布情况。物理模型如图 7-14 所示，通过数值计算得到设计工况下底吹熔炼炉内流场的分布以及气泡大小、生成频率及气泡上浮时间等的变化规律。

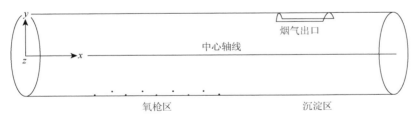

图 7-14　物理模型示意图

x-底吹炉水平轴线方向；y-底吹炉竖直方向；z-底吹炉径向方向

7.2.1　壁面及炉内喷溅的情况分析

在底吹铜熔炼过程中，喷溅现象发生时，喷溅物中带有不少铜等贵金属，这将产生金属损失；此外，喷溅还会造成大量的热量损失以及炉顶和炉壁的磨损，对设备、安全造成影响。因此，对底吹熔池熔炼过程中喷溅现象的了解和分析，有助于减少喷溅现象产生的爆炸性事故。

　　在熔池熔炼过程中，通入到高温熔体中的低温气体所形成的气泡在上浮的过程中，受热胀冷缩的影响，体积不断增大，在到达自由液面时破碎，由于气泡内部压力大于上部烟气的压力，破碎瞬间偶尔会发生熔体喷溅现象，熔体喷溅高度大小与气泡上浮过程中夹带熔体的动能有关，动能越大，其喷溅高度越大。如图 7-15 所示，风口区氧枪正上方炉顶以及氧枪侧炉壁出现熔体喷溅物，而在氧枪对侧炉壁基本没有熔体喷溅物。由此可以看出，在底吹熔炼过程中，喷溅现象主要发生在风口区氧枪正上方及氧枪侧壁。因此，在实际生产过程中，对风口区氧枪正上方炉顶以及氧枪侧炉壁进行周期性检测以及磨损情况报告，是必要的、有益的。

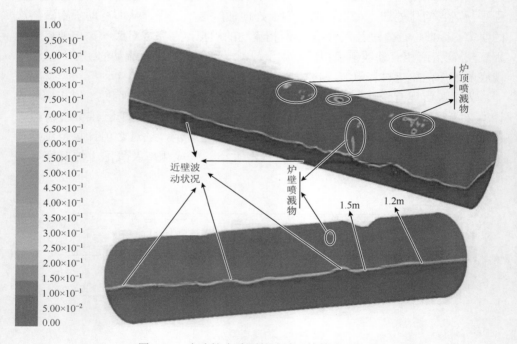

图 7-15　底吹炉内壁面的喷溅及熔炼流动状况

　　对于炉内熔体的喷溅现象的研究有助于对熔池内部熔体波动情况进行整体的了解。如图 7-16 所示，在风口反应区液面熔体涌动较剧烈，熔体喷溅到上部烟气区的情况很明显。但是从整个炉内的波动情况来看，由于熔体黏度较大，风口区两侧液面波动衰减较快。

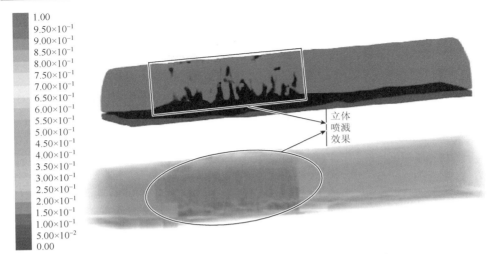

图 7-16　底吹炉内三维喷溅及反应区两侧的波动衰减情况

7.2.2　各纵截面流场分布

对底吹炉内流场的分析有助于更好地把握熔炼炉内熔体的流动特性，进而对生产过程的控制以及底吹炉的设计有一定的指导意义。

研究过程中，通过对底吹炉不同氧枪截面进行比较，了解局部流场特性，进而对整个熔炼炉的多相流动过程进行分析。

如图 7-17 所示，底吹气体对熔炼炉的搅动主要在风口区，在风口两侧存在扰动相对较弱的区域。风口区右侧区自由区较大，风口区的扰动影响的范围较广，但在沉淀区，除沉淀区上部有很小的轴向液面流动，下部流速可以忽略不计。风口区后侧，底吹炉尾部，除液面附近有一定的表面流动外，下部区域扰动较小，流速很小。

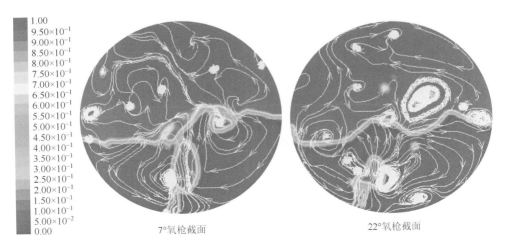

7°氧枪截面　　　　　　　　　　　22°氧枪截面

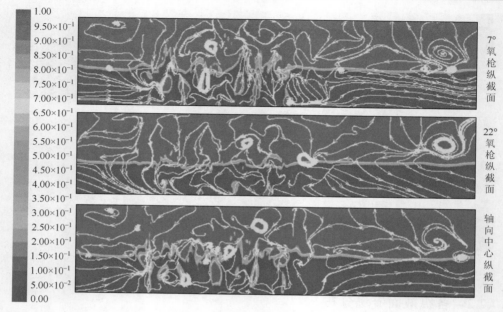

图 7-17　底吹炉各纵截面流线分布图

在风口区，由于氧枪通入的气流受到铜锍的阻碍，破碎成为气泡和流股，其上升过程中夹带周围的熔体向上运动，在气泡和流股两侧形成两个大的旋流，从横向截面看，氧枪区熔体得到充分搅拌。

由于气相的剧烈扰动，风口区熔体处于湍流状态，熔体各区域湍动能、湍流强度以及湍流耗散率的大小直接反映该处的湍流情况。

湍动能与熔体的脉动速度有关，其脉动速度越大，湍动能越大。图 7-18 为轴线下 0.6m 处水平截面的湍动能分布曲线图，其在轴向分布上总体呈单峰状，反应

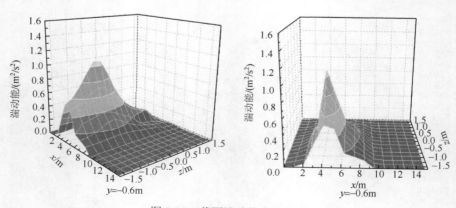

图 7-18　截面湍动能分布情况

区横向截面呈抛物线状。由图可知，在风口区，熔体内部湍动能较大，氧枪上部熔体湍动能达到峰值，最大为 $1.2m^2/s^2$。这有利于气泡上浮过程中气泡的破碎。而在沉淀区，熔体内部平均湍动能很小，这为铜锍-渣的分层提供了良好的环境。

湍流强度等于湍流脉动速度与平均速度的比值，是湍流的另一个特征指标。从图 7-19 湍流强度曲线分布图可知，风口区中心区域熔体受到来自两侧的熔体的扰动很强，其脉动速度偏离平均速度较大，该处的速度变化剧烈，湍流强度大，湍流强度在风口区氧枪上部达到 0.15% 左右。而风口区两侧区域，湍流强度骤降。

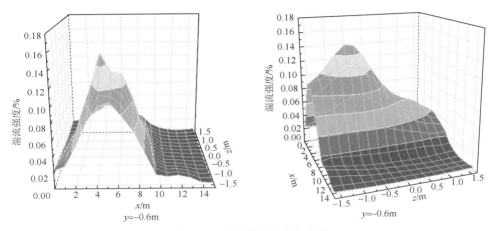

图 7-19　截面湍流强度分布图

风口区较大的湍流强度为物料与熔体的良好混合提供了良好的混合条件，有利于新增物料快速进入熔体内部进行熔化及反应，提高熔炼速度。

湍动能耗散率是指在分子黏性作用下由湍动能转化为分子热运动动能的速率。通常以单位质量流体在单位时间内损耗的湍动能来衡量，以 ε 表示。湍流速度在空间上存在随机涨落，从而形成显著的速度梯度，在分子黏性力作用下通过内摩擦不断地将湍动能转化为分子运动能。其不但与湍流强度有关，还与湍动能有关，由图 7-20 可知，风口区湍流耗散率在纵向与横向都呈单峰曲面分布，在风口区两侧耗散率骤减。

风口区最大湍流耗散率为 $600m^2/s^3$，而在沉淀区熔体内部湍流耗散率小于 $10m^2/s^3$，这种分布有助于氧枪上部液面区湍动能向熔体内能的转化，减少风口区液面熔体的喷溅。

通过对底吹炉轴线下 0.6m 处水平截面的湍动能、湍流强度及湍流耗散率的分析可知：湍流的分布情况，既为反应区提供良好的混合效果，保证反应过程的高效进行，又为沉淀区铜锍-渣提供良好的分层环境。

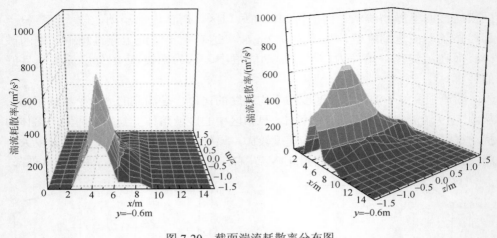

图 7-20　截面湍流耗散率分布图

7.2.3　铜锍流速分布情况

在风口熔体区，气相与液相速度相差两个以上数量级，从垂直于氧枪的纵截面上很难看出熔池内铜锍流速的大小分布。为了避免这种现象的发生，选取两氧枪或两排氧枪之间的截面作为对象，进而分析熔炼过程中熔池内各区域铜锍的流速分布情况。

如图 7-21 所示，各不同轴向纵截面铜锍流速大小呈现相类似的分布情况：在 x 方向，铜锍流速分布呈凸状分布，在反应区铜锍流速较大，而反应区两侧铜锍流速骤降；在 y 方向即纵截面方向，随着熔体高度的增加，铜锍流速逐渐增大。

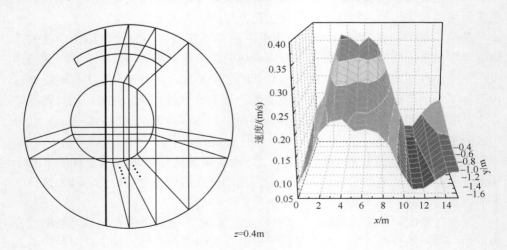

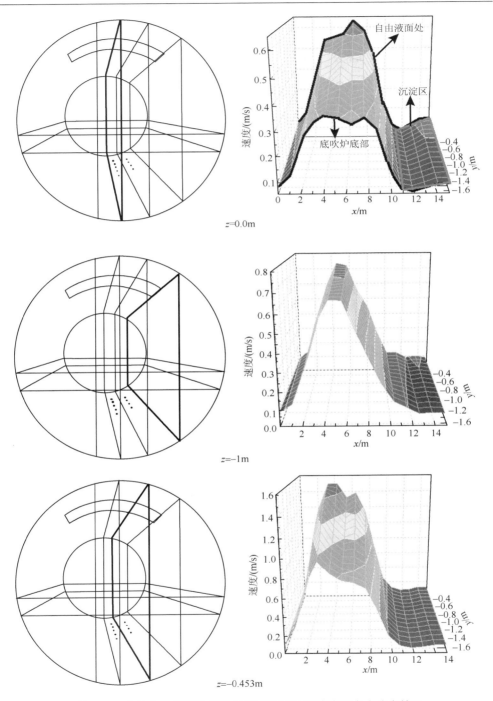

图 7-21　各轴向纵截面位置及其截面熔体区铜锍流速大小分布情况

　　$z=0.4$m 时，此截面距离氧枪轴向纵截面较远，因此其截面上的铜锍流速总体较小。氧枪区液面附近铜锍最大流速为 0.38m/s，底吹炉底部铜锍最大流速为 0.25m/s。

　　$z=0.0$m 时，此截面距离氧枪轴向纵截面较近，截面上平均铜锍流速较 $z=0.4$m 大。其在液面处最大流速达 0.6m/s，底吹炉底部最大流速约为 0.3m/s，液面附近的流速约为底部铜锍流速的 2 倍。

　　$z=-0.453$m 时，此截面处于 7° 与 22° 两排氧枪正中间，此区域受前后两排氧枪的作用，铜锍所受搅动能较大，因此其铜锍流速较大。在液面处其铜锍流速最大值为 1.6m/s，底吹炉底部铜锍最大流速为 0.8m/s。

　　$z=-1$m 时，此截面处于 22°氧枪后方，其液面处最大铜锍流速为 0.8m/s，炉底最大铜锍流速为 0.65m/s。

　　从炉底到自由液面附近的铜锍流速分布可以看出：在垂直方向上，随着距炉底距离的增加，铜锍流速呈逐渐增大的趋势，且液面最大铜锍流速约为炉底最大铜锍流速的 2 倍。

　　从轴向纵截面上的铜锍流速分布可以看出，其基本趋势为先增大再减小再增大再减小。在反应区两侧铜锍流速较小，在 0.2m/s 以下。在氧枪区，氧枪出口形成的气团或者气泡夹带周围熔体向上运动，熔体到达液面形成平行流流向两侧。在入口流量一定的条件下，底部 9 个氧枪夹带的铜锍上流到液面，然后通过径向和轴向流动流向附近区域。在轴向方向上，熔体轴向流动截面面积一定，流量越大，其铜锍流速越大。9 个氧枪以第 5 个氧枪呈对称方式布置在底吹炉一侧，在入口流量一定的条件下，第 5 个氧枪两侧会受到两侧熔体的挤压，这也是产生铜锍流速减小的原因之一。

　　由上面熔体区各轴向纵截面铜锍流速分析可以得知：各纵向截面在轴向方向上，风口区两侧铜锍流速骤降。这样既保证了反应区所需要的扰动，又为沉淀区铜锍与渣的分离提供良好的环境。在风口区域，各纵向截面在轴向方向上铜锍流速分布呈马鞍状。在熔池内，反应区轴向流动主要在液面处通过波动轴向流动，底部回流熔体至反应区。最大速度出现在液面处，且在氧枪区上部达到最大值。熔池内部铜锍扰动区域主要是在氧枪区域侧。

　　同样，为了了解垂直于中心轴各纵截面铜锍流速的具体情况，选取图 7-22（a）所示的截面进行分析，其分析结果如图 7-22（b）～（m）所示。

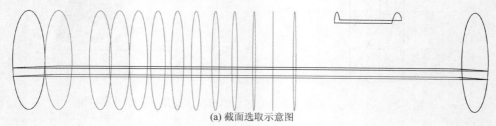

(a) 截面选取示意图

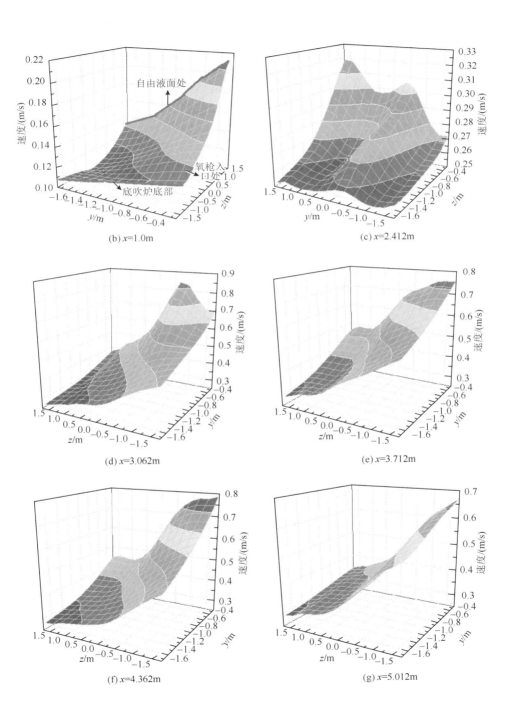

(b) $x=1.0\mathrm{m}$

(c) $x=2.412\mathrm{m}$

(d) $x=3.062\mathrm{m}$

(e) $x=3.712\mathrm{m}$

(f) $x=4.362\mathrm{m}$

(g) $x=5.012\mathrm{m}$

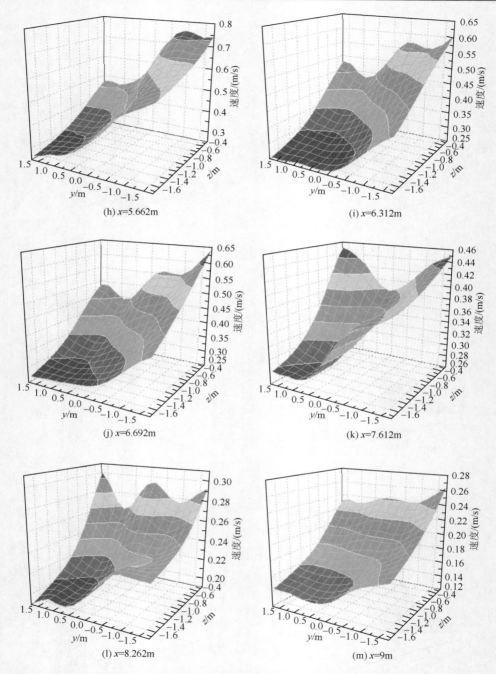

(h) $x=5.662\text{m}$　　　　　　　　　　(i) $x=6.312\text{m}$

(j) $x=6.692\text{m}$　　　　　　　　　　(k) $x=7.612\text{m}$

(l) $x=8.262\text{m}$　　　　　　　　　　(m) $x=9\text{m}$

图 7-22　垂直轴向各截面位置及其截面熔体区铜锍流速大小分布情况

（b）～（m）对应（a）中从左至右的灰色截面

从图 7-22 中 12 个纵截面上的铜锍速度分布图可以看出：在 z 轴方向上，反应区铜锍流速整体呈 s 形分布，在 y 方向上，随着深度的增加，铜锍流速逐渐降低。底吹炉底部熔体流速很小。

x 为 9m 和 1.0m 处纵截面距离氧枪区较远，熔体区在流速上的分布受氧枪区的影响较小。从图上可以看出，x 为 1.0m 处氧枪侧液面上的最大速度为 0.22m/s，氧枪对侧最大速度为 0.12m/s。炉底氧枪侧熔体流速约为 0.13m/s，氧枪对侧流速约为 0.1m/s。x 为 9m 处纵截面的铜锍流速分布与之相近。因此，在距离氧枪区较远的区域，熔体的流速分布是：在底吹炉氧枪侧的上部熔体区流速比较大，其他区域熔体流速较小。

在氧枪区，各截面铜锍流速分布主要受上浮气泡的影响，靠近氧枪出口区域的铜锍流速较快，反之速度较慢。从氧枪区的 10 个垂直于氧枪纵截面的铜锍流速分布可以看出，在氧枪上部熔体最大流速达 0.85m/s，氧枪入口附近熔体流速在 0.35m/s 左右。

在 y 方向上，氧枪出口产生的气团以及气泡夹带周围熔体向上运动，气泡上浮的速度越大，周围夹带的熔体的速度越大。气团或者气泡上浮的过程中，所受压力逐渐变小，而浮力大小变化不大。气泡自身受加速度的作用，带动周围熔体向上运动，因此，熔体在液面附近达到最大值。在 z 方向上，铜锍流速在氧枪上方达到最大值，而两侧流速逐渐减小，呈抛物线状分布。由于熔体黏度的作用、熔体内部黏性耗散的作用，截面两侧的熔体的流速与其距氧枪的距离成反比。另外，由于氧枪偏心布置，在 z 方向上，氧枪两侧长度不对称，因此，在 z 方向上铜锍流速分布不对称。靠近氧枪侧区平均流速较大，对侧铜锍平均流速较小。

综上所述，风口区氧枪附近熔体流速分布如下：氧枪附近熔体速度随着熔体深度的增加而减小。由于熔体黏度的作用，距离氧枪越远，其流速越小。

7.2.4 熔池中气相运动及其分布的模拟与分析

在底吹铜熔池熔炼的实际生产过程中，熔池内部气相的分布情况及气泡/气团的相关参数是影响熔炼效率的重要因素。反应区气液两相良好的混合情况有利于增加气液接触面积，提高熔炼过程的反应速率。气泡大小、气泡尺寸及气泡在熔池内部的停留时间直接影响氧气的利用率。因此，对现有工况条件下炉内气相分布及气泡/气团相关参数进行研究，有助于更好地了解底吹铜熔炼过程，对进一步研究和控制底吹铜熔池熔炼过程有一定的指导作用。

图 7-23 为底吹炉内轴向各纵截面气相体积分数分布图，熔炼炉内风口区域的波动非常强烈，而其两侧液面波动情况随着距风口区的距离增大而减小。从自由表面处的液面波动波幅可以看出，氧枪区及其附近的波幅较大，而出渣口的波动

较小。通过氧枪鼓入熔炼炉内的气流，受到熔体的阻碍被击散成若干小流股和气泡，并夹带周围的熔体上浮，发生动量交换。当气泡脱离氧枪出口时，氧枪喷口区与其他区域形成的压力差，使流体向气流流股垂直的方向流动。停留在熔体中的气泡与流股上浮到达液面时形成穿面的喷流和羽状卷流，喷流及卷流将加在炉内表面的物料和液面上部气体卷吸进入熔体内部，使得加入的物料迅速被高温熔体熔化进行反应，而卷吸的气相以气泡的形式通过回流的方式到达底吹炉壁面及熔体内部，保持炉内气相均匀分布，强化熔炼炉内化学反应。

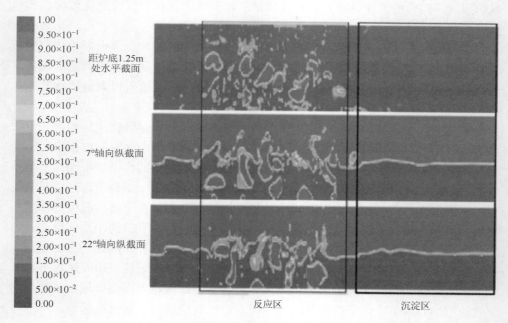

图 7-23　底吹炉内各纵截面气相体积分布图

　　从距炉底 1.25m 处水平截面气相体积分数分布图可以看出，熔炼炉内气相主要出现在风口区氧枪侧，而风口区两侧气相浓度较低。气相在氧枪出口形成大气泡，随后脱离氧枪出口上浮。在上浮的过程中，气泡变形破碎，到达熔体表面时，破碎逸出，一部分气体进入上部烟气区，一部分以小气泡的形式进入熔池内部。

　　图 7-24 为垂直于中心轴纵截面体积分数分布图。如图所示，液面波动较剧烈，熔池内部气泡尺寸差异较大。氧枪出口形成大气泡，气泡脱离氧枪，进入熔池上部，上浮过程中，部分破碎成小气泡。大气泡上浮到达液面时破碎，一部分以小气泡的形式回流到熔池内部。大气泡直径约为 0.478m，小气泡直径约为 0.137mm，气相主要分布在熔池上半部分。

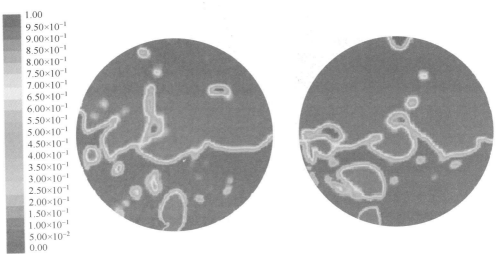

图 7-24　垂直于轴的各纵截面体积分数分布情况

熔炼炉内气含率的分布情况是底吹熔池熔炼过程中的一个重要参数。掌握其分布情况，能够得出熔炼过程中的活性反应区的位置。为了深入了解熔炼炉内反应区的气含率分布情况，提取 t 为 20s 时反应区内不同高度水平截面的气含率并进行比较分析，所得结果如图 7-25（a）所示。

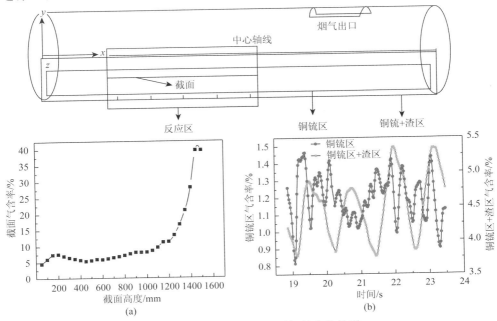

图 7-25　气含率随高度和时间的变化关系

（a）截面平均气含率随反应区高度的变化；（b）铜锍区和熔池区气含率随时间的变化

从图 7-25（a）可以看出：随着反应区水平截面高度的增加，截面气含率总体呈上升的趋势。在熔池下部，由于气泡主要处于变形阶段，上升速度较小，各气泡之间发生融合以及破碎的概率极小，各气泡基本以单独形式存在，因此水平截面气含率总体都比较小，随着反应区水平截面高度的增加气含率变化不明显，维持在 5%～10%；在熔池上部，气泡所受压力逐渐变小，因此气泡的上浮速度逐渐增大，气泡发生融合和破碎现象，该过程中产生的小气泡分散在周围熔体中，停留时间较长，水平截面气含率随着截面高度增加而增大的趋势很明显，其气含率从 10% 上升到 39%。

为了进一步了解熔池内气含率的分布情况，以铜锍区和整个熔池区（铜锍区+渣区）作为比较对象，提取熔池内流体运动相对稳定的 19～24s 数据进行比较，分析两区域气含率随时间的变化情况，其分析结果如图 7-25（b）所示。

从图中可以看出：随着时间的变化，由于熔池内熔体内部的扰动以及自由液面的波动，铜锍区和整个熔池区气含率大小均上下波动，在一定范围内变化。其中，铜锍区气含率在 0.8%～1.5% 内变化，整个熔池区的气含率在 3.8%～5.4% 内波动，整个熔池区的平均气含率约为铜锍区的 4 倍。

综合图 7-25（a）和图 7-25（b）可知：不管是从截面气含率分布情况还是从区域气含率分布情况来看，在熔池底部，各氧枪之间形成的气泡合并和破碎概率很小，其主要发生在熔池的上部。因此，在底吹熔池熔炼过程中，气相主要分布在熔池的上部，该区域气泡直径较小（平均直径约为 0.137mm），气相浓度较大，同时，由于从加料口加入的物料主要集中在这个区域，有利于反应的进行。

气泡尺寸、形成时间及其在熔池内的停留时间是熔池熔炼过程中的重要参数，它们对气相在熔池内的分布和利用情况影响显著。为了深入了解底吹熔炼炉内的气泡形成及运动机理，定义气泡脱离氧枪出口时，与氧枪出口法线垂直方向上气泡的最大尺寸为气泡的短轴尺寸。提取氧枪喷入氧气初始 6s 内连续气泡的形成时间、气泡脱离氧枪出口时短轴尺寸以及气泡在熔池内的停留时间等参数进行分析。熔池内连续形成的各气泡形成时间、短轴尺寸及停留时间如图 7-26 所示。

从图 7-26 中可以得出以下几点结论。

（1）从 t=0s 时刻开始，氧枪出口处形成的第一个气泡在熔池内停留时间（脱离喷嘴上浮到液面的时间）较长，接近 1s，这是由于初始时刻熔炼炉内熔体处于静止状态，气泡上浮过程中受力主要包括表面张力、浮力和黏性力等。而气泡周围的熔体由于气泡的上升带动其运动，气泡上部区域则近于静止，因此氧枪出口形成的第一个气泡的运动过程相当于静止液体中的单气泡上浮过程。随着时间的变化，在连续上升气泡或者气团的搅拌作用下，熔池内的熔体气泡流两侧会产

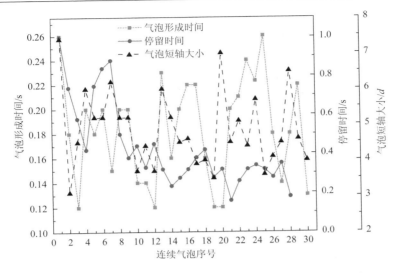

图 7-26　熔炼过程中气泡形成时间、短轴尺寸及停留时间规律

d 表示氧枪直径

生旋流，使得其附近形成较强的搅动流场。气泡在上升的过程中由于受到后一气泡对其推动作用的影响以及周围流动熔体的搅动作用的影响，其上浮时间开始缩短。从第 1 个到第 4 个气泡的停留时间逐渐变短，其中第 4 个气泡的上浮时间为 0.4s，为第 1 个气泡的 2/5，可见周围熔体流场对气泡上浮时间的影响较大。初始时刻，熔体液面处于静止，当第一个气泡达到自由液面时，自由液面产生第一次大的扰动，使熔池内熔体向两侧波动。由于氧枪是偏心设置，熔池内熔体会出现左右摆动的现象，导致气泡在熔体内部的运动轨迹各异，各自在熔池内的停留时间发生变化。当气泡周围熔体被完全搅动起来时，气泡在熔池内停留时间逐渐达到一个相对稳定的状态，此时上浮时间波动范围为 0.2~0.4s，平均停留时间为 0.3s。

（2）熔池内连续气泡的形成时间范围为 0.12~0.26s。通入熔体内的气相对熔池的搅动，引起熔池内部熔体的流动、自由液面波动和氧枪出口处压力的变化，使得氧枪出口处的各气泡大小随着时间的变化而变化。

（3）气泡短轴尺寸集中在 3.5~6.5 倍氧枪直径，且大小气泡交替出现，气泡生成频率约为 5Hz。当氧枪出口出现大气泡时，其脱离氧枪出口时氧枪出口处压力突然变小，与周围熔体区形成较大压力差，给熔池产生大的扰动，使熔体流向与流股界面呈垂直的方向，迅速补充到氧枪出口附近，这种流动现象能够加速新生成的气泡上浮脱离氧枪出口，使气泡生成时间较短而形成小气泡。当前一气泡较小，其脱离氧枪出口时，对周围熔体产生的扰动较小，因此熔体对随后产生的气泡的作用力较小，有利于形成尺寸较大的气泡。从图中可以看出，每两个大气泡之间会出现 2～3 个相对较小的气泡。气泡生成及脱离氧枪出口时，熔体回流的现象对枪口砖有一定的冲蚀、破坏作用。

7.2.5　氧枪入口压力变化情况分析

气泡后坐是喷吹冶金中普遍存在的现象，在底吹熔池熔炼炉内，氧枪出口处的气泡后坐现象是破坏氧枪及其周围炉衬的重要原因，而氧枪出口附近的压力波动是一种表现形式。

气泡后坐现象发生时，氧气底吹熔炼炉的高温氧化反应将靠着或者贴近炉底进行，使得氧枪周围的炉衬受到三种破坏：高温热冲击、化学腐蚀及后坐力场的机械冲刷。这三种破坏的强度和范围随着气泡后坐的强度和范围的增大而增大。对于氧气底吹熔炼炉，气泡后坐对炉底的破坏主要是通过以上三种破坏方式。其中后坐力场的密度较小，所以，气泡后坐对底吹炉底的破坏主要是由于把高温氧化区氧化性气体引向炉底，后坐力只是起着把它们引向炉底的辅助作用。

气泡在氧枪出口处形成和升起时，对炉底（以及后墙）的反冲以及在上一个气泡升起下一个气泡未形成前金属向氧枪倒灌和渗透都会引起出口处压力的急剧变化，都会影响氧枪和炉墙的寿命。因此，为了观察气泡后坐现象的发生频次及作用时间，通过监测 9 个氧枪出口处的压强变化情况，分析其波形，进而研究气泡后坐现象。

如图 7-27（a）所示：p_1，p_3，p_5，p_7，p_9 为 5 个 7°氧枪出口处的压强，在 19.01～19.97s 内，5 个 7°氧枪出口处的压强都间断性地出现压强急剧变大的峰值，其中 p_1，p_3，p_5，p_7 和 p_9 出现大的压强峰值频次分别为 8，7，5，6 和 8，各点最大压强峰值分别为 252889Pa，168921Pa，172048Pa，157730Pa 和 176073Pa。从 p_1 第 8 次出现大的压强峰值过程可以清晰地看出气泡后坐现象的发生、发展和消失过程，t=19.83s 时，p_1=54458Pa，后坐现象开始发生，氧枪出口处压强较小，但压强呈增大的趋势；t=19.85s 时，p_1=252889Pa，压强突然增大，为 t=19.83s 时的 4.64 倍，此时氧枪出口处压强达到最大值，高温氧化性气体被引向炉底，高温氧化反应区靠着或者贴近炉底进行；t=19.87s 时，p_1=103005Pa，压强急剧减小，气泡后坐现象开始衰减；t=19.89s 时，p_1=47232Pa，此时压强达到最小值，气泡后坐现象消失。由上可知，气泡后坐现象发生、发展及衰减过程总时间为 0.06s。

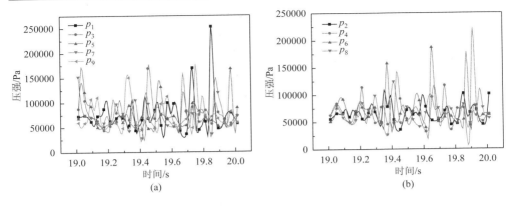

图 7-27　压强随时间的变化情况

（a）7°氧枪出口处；　（b）22°氧枪出口处

　　如图 7-27（b）所示：p_2，p_4，p_6，p_8 为 4 个 22°氧枪出口处压强，从图上可以看出，在 19.01～19.97s 内其有类似 7°氧枪出口处的压强波动现象。其中 p_1，p_4，p_6 和 p_8 出现大的压强峰值的频次分别为 5，5，5 和 4，其中各点最大压强峰值分别为 109209Pa，220715Pa，186704Pa 和 124535Pa。各氧枪出口处气泡后坐现象的发生、发展和消失过程与 p_1 类似，整个过程的作用时间约为 0.06s。

　　从图 7-27（a）及图 7-27（b）分析可知：7°氧枪出口处气泡后坐现象发生的频次和最大压强峰值多比 22°氧枪出口处大。这是由于在液面高度一定的条件下，22°氧枪出口处所受液体静压比 7°氧枪出口处小，因此在各氧枪入口流量一定的条件下，22°氧枪出口余压比 7°氧枪大，这有利于缓冲后坐现象的不利影响。

7.2.6　自由表面速度分布及波动衰减情况

　　了解底吹铜熔池熔炼炉内沉淀区液面波动衰减情况，对底吹炉结构的设计有很大的指导意义，合理的沉淀区长度不但能够有利于渣的排放与铜锍-渣分层，而且节约材料和制造费用。

　　为了了解自由液面的波动情况，选取 7°氧枪纵截面熔体液面 10 个点为监测对象。如图 7-28 所示，分别提取各点在 x、y 方向上液相速度大小随时间的变化情况，分析液面各点在 x、y 方向上液相速度大小随距离的衰减情况，进而预测液面波动的衰减情况。液面处监测点 1～10 分别对应 y=−250mm 时，x=1437mm，2087mm，7287mm，7937mm，8587mm，9887mm，11187mm，12487mm，13787mm 及 15087mm 液面处的点。

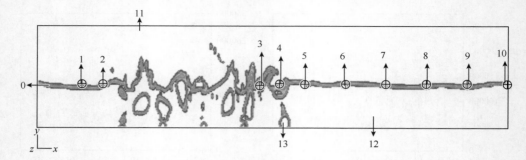

图 7-28　自由液面监测点示意图

0-自由液面；1～10-监测点；11-烟气区；12-熔体区；13-7°氧枪出口处形成的气泡

　　气-液界面处形成的波在传播的过程中，介质的黏滞性使得波在介质中传播时产生质点间的内摩擦，从而使一部分动能转换为热能，导致波能损耗。通过监测距离氧枪区不同距离的点在 y 方向上峰值的大小来研究液体波传播过程中波幅的衰减过程，其中 x 方向不同距离处 y 方向速度大小随时间的变化如图 7-29（a）所示。

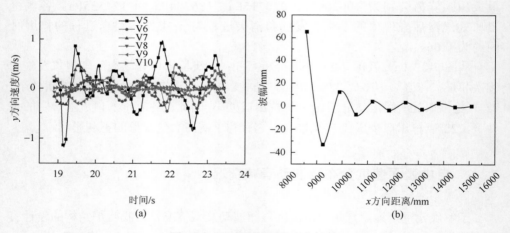

图 7-29　速度及波幅的变化情况

（a）y 方向速率随时间的变化情况；（b）波传播过程中的衰减情况

　　从图 7-29（a）可以看出：点 5（x=8587mm）距离氧枪区较近，波幅与波源（氧枪区）相差较小，其在 y 方向的速度绝对值较大，最大达 1.13m/s。随着监测点与氧枪区距离的增大，y 方向上速度波动曲线最大值逐渐变小，点 6～10 各点 y 方向速度最大值分别为 0.485m/s，0.467m/s，0.287m/s，0.343m/s，0.035m/s。自由表面波动在传播的过程中，一方面受到波二维径向扩散作用，另一方面受分子黏滞力的影响，大部分动能转化为分子内能。从各点 y 方向上的速度最大值变化来看，点 5、点 6 和点 7 靠近氧枪侧沉淀区，处于搅拌区域，其内湍流耗散率较大，大部分动能转化为分子内能，速度最大值衰减很明显，从 1.13m/s 迅速减小到 0.476m/s。

从点 5～10 各点 y 方向速度随时间的变化可知，各点 y 方向速度大小随时间的变化曲线类似正弦曲线。如图 7-29（a）所示，$t=19.03$s，点 5 处质点波处于波峰，$v_y=0$m/s；$t=19.09$s，质点向负方向运动，速度逐渐增大，$v_y=-0.5208$m/s；$t=19.13$s，到达平衡位置，速度达到负向最大值，$v_y=-1.1339$m/s；$t=19.25$s，向负方向运动，速度逐渐减少，$v_y=-0.5987$m/s；$t=19.29$s，到达波谷，$v_y=0$m/s；$t=19.37$s，向 y 正方向运动，速度逐渐增大，$v_y=0.2616$m/s；$t=19.45$s，到达平衡位置，速度达到正向最大值，$v_y=0.8578$m/s；$t=19.57$s，向上部运动，速度逐渐减小，$v_y=0.4940$m/s；$t=19.71$s，到达波峰，$v_y=0$m/s。由点 5 处质点速度上下波动情况可知，波动周期约为 0.7s，其频率为 1.4Hz。

机械波传播的实质是能量的传递，在波的传播过程中，会引起机械波能量的损耗，自由表面上部烟气的流动以及双排氧枪的布置方式引起的波的叠加等都会对波的波幅产生不同的影响。从点 5 处 y 方向速度随时间的变化可知，其正负峰值绝对值并不相等，点 6～10 在 y 方向速度大小随时间的变化曲线类似点 5。

波传播过程中，作用于气、液界面波中的回复力主要是重力和表面张力，当重力作用较突出时形成的波为重力波，当表面张力作用较突出时形成的波为毛细波或者表面波。

熔池熔炼炉内沉淀区气-液界面波动的传播过程中波幅衰减很快，大部分区域波的波幅和波速都是小量，其中质点主要受重力作用。由此可知，在波传播过程中，各点在 y 方向的动能主要转化成势能，因此，可以通过各点 y 方向的速度峰值来预测各点处的波幅。

从图 7-29（a）可以看出，点 5～10 各点 y 方向速度最大值分别为 1.13m/s，0.485m/s，0.467m/s，0.287m/s，0.343m/s，0.035m/s，若各点处质点在向上运动的过程中动能完全转化为势能，可以得出其最大上升高度分别为 65.14mm，12.00mm，11.13mm，4.20mm，6.00mm，0.09mm。

从图 7-29（b）可以看出，靠近氧枪区一小段距离内，波幅衰减很快。在点 $x=8587$mm（点 5）处，其波幅较大，$H=65.24$mm；当 $x=11187$mm（点 7），$H=3.97$mm；两点之间相差 2600mm，点 7 处波幅约为点 5 处波幅的 1/16。这是因为点 5～7 处于氧枪侧搅拌半径之内，其间液相湍流耗散率较大，在分子黏性力作用下通过内摩擦不断地将湍动能转化为分子运动的动能，波传播过程中受到波的二维扩散及分子黏性的影响，波幅衰减很快。而点 8～10 距离氧枪区较远，波传播过程中主要受波的二维扩散的影响，因此其波幅衰减比较平缓，当波源处的波传播到出渣口附近时，液面趋于静止。

通过对以上波幅随距离的变化数据进行分析，得出其符合指数递减模型，如图 7-30 所示。对以上数据进行拟合，可得波幅随距离的衰减公式如下

$$y_x = 0.06332e^{-1.413x} + y_0$$

式中：y_0——波源的波幅；

y_x——波的传播方向上距离波源 x 处的波幅。

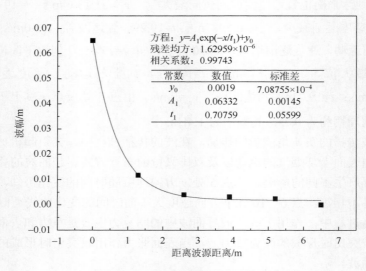

图 7-30　波幅随距离的衰减情况

在实际生产过程中，y_0 与氧枪入口流量及加料情况有关，指数大小与熔池的渣层及铜锍层厚度有关，因此在实际生产过程中，可根据生产经验对上述公式进行修正。由此可得通用公式为

$$y_x = Ae^{-nx} + B$$

7.3　底吹过程气-固-液三相流动三维数值模拟与分析

前面对底吹熔池熔炼多相流动的研究中，只考虑了气-液两相的流动，通过对数值模拟结果的讨论与分析，对底吹熔池熔炼炉内的流场、浓度场、气团相关重要参数、气团后坐现象以及沉淀区液面波动衰减情况有了一定程度的了解。

然而，在底吹熔池熔炼过程中，反应区新增物料/渣与铜锍之间的相互作用对熔炼过程有着重要的影响，如反应区物料/渣分布情况对熔炼速度的影响、物料/渣层对气团破碎及停留时间的影响。因此，在之前研究的基础上，做进一步的探讨，

模拟底吹熔池熔炼过程中氧气-铜锍-物料/渣的三相流动，考虑物料/渣与铜锍之间的相互作用和相互影响，相间作用力是通过各相之间的张力系数来确定，进而研究新增物料在反应区的分布情况，分析底吹熔池熔炼化学反应发生的主要位置，为进一步研究如何提高熔炼速度等相关问题做准备。因为反应区上部主要为物料和渣的混合物，为了研究方便，以渣替代物料和渣的混合物成分，进而研究物料/渣层对气相停留时间的影响、气团对物料-铜锍界面速度的影响、物料层卷吸过程及物料的分布情况。

7.3.1　物料/渣层对气相停留时间的影响分析

铜熔池熔炼过程中，若忽略物料/渣层的存在，气团在上浮的过程中所受浮力和阻力基本不变，所受的上部静压逐渐减少，气团所受加速度逐渐增大，上浮速度不断增加。但是，在实际生产过程中，熔池上部物料/渣的黏度远大于下部铜锍的黏度，气团上浮穿过物料/渣层时其所受阻力大于铜锍区所受阻力。

图 7-31 是入口流量为 0.01kg/s 时的气团上浮过程图。从图中可以看出，小气团在生成、上浮的过程中，气团变形很小，基本呈圆形和椭圆形。熔池高度为 1.5m，渣层厚度为 0.25m，气团从氧枪出口到逸出物料/渣层整个过程耗时 2.86s，其中气团穿过物料/渣层的时间为 0.84s，物料/渣层厚度为熔池总高度的 1/6，而气团穿过渣层的时间是总时间的 1/3。气团在铜锍区上浮的过程中，气团与铜锍的密度差较大，气团所受的浮力大于其所受的阻力，且由于所受液体的静压不断减小，因此气团上浮速度逐渐增大。进入物料/渣层时，熔体密度变小，气团所受浮力减

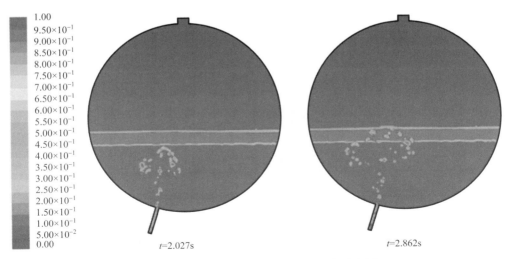

图 7-31　气相穿过渣层时气相体积分数分布图

小，而且由于物料/渣层黏度较大，气团受到的阻力大于其所受的浮力，因此其上升逸出的速度在此处迅速减小。

从以上分析可知，小流量入口条件下的气团运动过程与典型的小气团上浮过程有相似的特征。反应区物料/渣层的存在延长了气团在熔池内的停留时间，有利于氧气底吹熔炼过程中氧气的利用率，提高铜熔池熔炼效率。

7.3.2　气团对物料-铜锍界面速度的影响分析

气团上浮过程中变形大小与气团大小有关，而气团上浮以及形状变化对流场会产生较大的影响。通过对模拟结果的分析发现，在熔池反应区，气团进入物料-铜锍界面和离开时，会引起物料-铜锍界面速度急剧变化，出现峰值。为对气团穿过物料-铜锍界面区域时的流场进行分析，取氧枪喷嘴正上方物料-铜锍界面处的四点进行分析，考察不同入口流量条件下气团上浮到逸出的整个过程中速度变化情况。

当入口流量为 0.01kg/s 和 0.05kg/s，其连续气团穿过物料-铜锍界面时影响的范围较小，其监测点示意图和坐标分别如图 7-32 和表 7-1 所示。

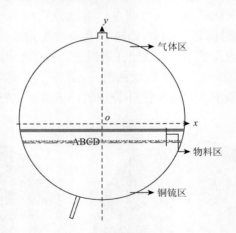

图 7-32　监测点示意图 1

表 7-1　监测点位置 1（y=-500mm）

监测点	A	B	C	D
x/mm	-51.1	-361	-211	-61

当入口流量较小时，氧枪出口处产生的小气团在上浮的过程中，四个点的速度变化趋势基本相同。如图 7-33 和图 7-34 所示，A 点和 B 点相距较近，二者速

度的变化趋势基本相同，A、B 点与 C、D 点相距较远，随着与 A 点距离的增大，B、C、D 点速度依次减小。

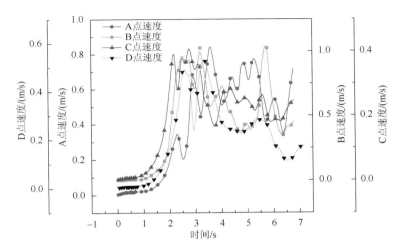

图 7-33　0.01kg/s 时监测点速度随时间的变化

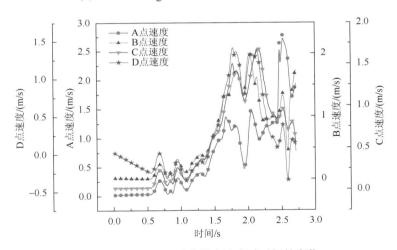

图 7-34　0.05kg/s 时监测点速度随时间的变化

在气团达到物料-铜锍界面时，由于物料层的密度小于铜锍的密度，而物料层的黏度大于铜锍的黏度，气相到达物料-铜锍界面时，其所受的阻力增大，浮力变小，气团所受加速度为负值，速度会逐渐变小，因此气团到达物料-铜锍界面时其速度会达到一个最大值。

当气团穿过物料-铜锍界面时，A 和 B 处于气团附近或者气团内，其速度达到峰值，如图 7-33 和图 7-34 所示。入口流量为 0.01kg/s 时，第一个气团到达物料-

铜锍界面的时间为 2.2s；入口流量为 0.05kg/s 时，第一个气团到达物料-铜锍界面的时间为 1.8s。由此可见，随着入口流量的增大，出口气团到达物料-铜锍界面的时间缩短，而且从 A、B、C、D 四点速度随着时间的变化曲线可以看出，随着气团的连续喷入，物料-铜锍界面处的速度会随着时间出现周期性的波动。

当入口流量为 0.48kg/s 时，底吹熔炼炉内氧枪出口产生的气团较大，其上浮过程中会产生破碎，其穿过物料-铜锍界面时影响的范围较大，其监测点示意图和坐标设置如图 7-35 和表 7-2 所示。

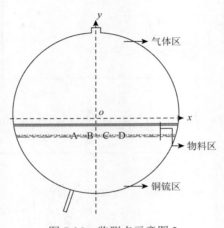

图 7-35　监测点示意图 2

表 7-2　监测点位置 2（$y=-500$mm）

监测点	A	B	C	D
x/mm	−211	−61	239	539

入口流量为 0.48kg/s 时，物料-铜锍界面附近四点 A、B、C、D 的速度随着时间的变化差异很大。氧枪出口第一个气团上浮到物料-铜锍界面的时间约为 0.7s，比入口流量为 0.01kg/s 时的上浮时间小 1.5s。而且可以看出，在 $t=0.7$s 时，点 A 处的速度为 18.6m/s，此时点 A 处在气团内部，其速率较大，随后点 A 的速度急剧下降；当 $t=0.85$s 左右时，点 A 处速度又达到第二个峰值。从图 7-36 中的 A、B、C、D 各点速度随着时间的变化曲线可以看出：由于点 A、B 距离氧枪正上方较近，其速度大小波动基本上呈现周期性，而点 C、D 距离氧枪正上方较远，当氧枪入口流量较大时，熔池扰动较大，C、D 两点的速度随着时间的变化波动较大。

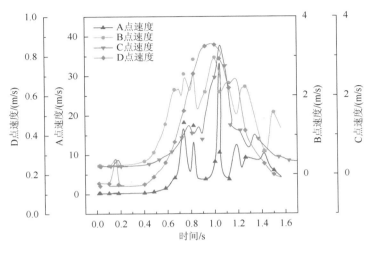

图 7-36　0.48kg/s 时监测点速度变化情况

　　综合上面分析可知，气团在穿过物料-铜锍界面时，对界面流场的扰动会导致卷物料等现象的发生。随着入口流量的增大，对物料-铜锍界面的扰动增大，卷物料发生的概率增大。在底吹熔池熔炼过程中，新增物料被迅速卷入熔体内部熔化并参与化学反应，有利于熔池熔炼的进行，物料层对气团上浮的阻力作用可以减少喷溅现象的发生，减少熔体对炉壁的冲蚀，延长熔炼炉的寿命。

7.3.3　物料层卷吸过程及其分布情况分析

　　假设熔炼炉内初始时刻熔体处于静止状态，入口吹气量为 0。物料层高度为0.25m，铜锍高度为 1.35m，入口气体为混合气体。

　　如图 7-37 所示，t=0.0s 时，吹气量为 0，物料和铜锍明显分离，界面平静。当入口流量为 0.01kg/s 时，随着连续气体的喷入，物料-铜锍界面在吹气部位正上方有微小的波动（t=1.35s）；随着吹入气体量的增加，在物料-铜锍界面出现向上的突起（t=2.36s），中间的物料向周围排开，但没有使物料面吹开与烟气接触；当气体量进一步增大后，物料层出现破碎（t=3.23s）。因此，气相从氧枪入口到逸出熔池的整个过程可分为六个步骤：界面平静—界面波动—界面出现突起—吹开物料面—物料面破碎—卷物料。

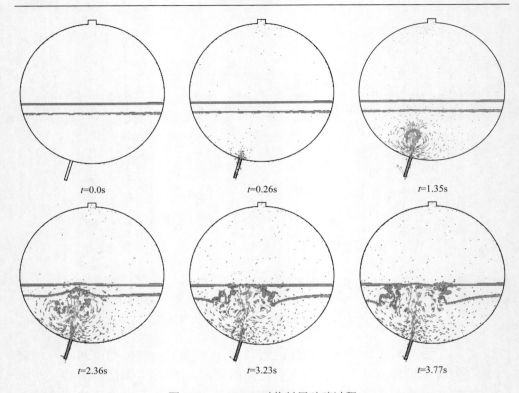

t=0.0s　　　　　　　t=0.26s　　　　　　　t=1.35s

t=2.36s　　　　　　　t=3.23s　　　　　　　t=3.77s

图 7-37　　0.01kg/s 时物料层破碎过程

从图 7-37 物料层破碎过程可知：在入口流量较小时，其入口生成的气团较小，上浮过程中对周围熔体的夹带能力有限，气团上升到物料层内部时，对物料层的卷吸能力较小，其所产生的物料层卷入下部铜锍的动能较小，破碎的物料层由于浮力的作用而很快上浮到熔体上部。因此，物料层破碎后，其主要分布在熔体上部，卷入下部熔体的概率较小，物料卷吸现象不明显。

图 7-38 所示为入口流量为 0.05kg/s 时底吹炉中气团产生及上浮过程模拟结果。气团在氧枪出口产生，脱离氧枪出口后在铜锍层开始上浮，速度较快，上升气团在上升的过程中变形，下端向球心凹陷，呈心形，气团的两端在尾流剪切作用力作用下形成细小的气团，并脱离进入铜锍中，破碎后的气团呈块状。t=2.0s 时气团进入物料层中，使物料层形成一个隆起状，气流将物料层吹成近似椭圆周的裸露区，物料-铜锍界面明显波动；t=2.42s 时，物料层出现了破碎，而且出现了大量物料卷入下部铜锍中的现象，而且物料层在铜锍区不断破碎，做不规则运动，不易上浮。其整个过程与入口流量为 0.01kg/s 时大体一样。

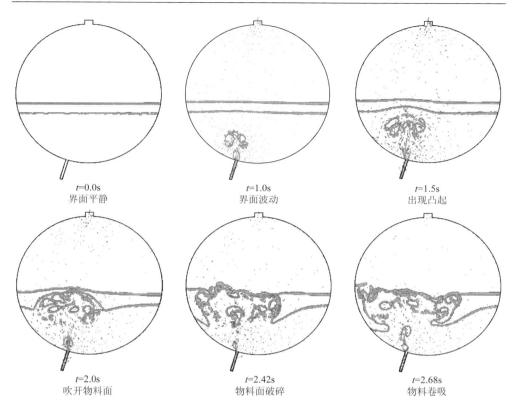

图 7-38　0.05kg/s 时物料层破碎及物料卷吸过程

通过图 7-37 和图 7-38 可以发现，底吹炉氧枪出口生成的气团在铜锍中上浮比较快，进入物料层后，由于黏度增大，气相运动速度下降。与入口流量为 0.05kg/s 相比，入口流量为 0.01kg/s 时，产生的小气团从黏度相对较大的物料层中上浮溢出需要更长的时间；入口流量为 0.05kg/s 时，产生的大气团几乎都能穿过铜锍物料层，并对上部物料层进行卷吸。

图 7-39 是入口流量为 0.48kg/s（实际工况）时熔炼炉内物料-铜锍-氧气三相流动过程。从熔池内气团的上浮及破碎过程可以看出，氧枪出口处形成的气团较大，呈弹头状。气团脱离氧枪口后，上浮过程中，气团尾部会逐渐向中心内凹，呈帽子状。到达熔池中部，会有部分破碎成小气团卷入两边熔体中，气团的主体部分继续上浮到达物料层区，吹开物料层。$t=2.0s$ 时，由于连续气团对熔体夹带的作用，熔池上部物料层产生大的波动，并且氧枪出口上部的物料层开始被卷入铜锍内部。$t=2.68s$ 时，随着氧枪的连续喷气，上部物料层区破碎，卷吸过程在氧枪侧发生较快，且物料主要分布在熔池的上半部分。

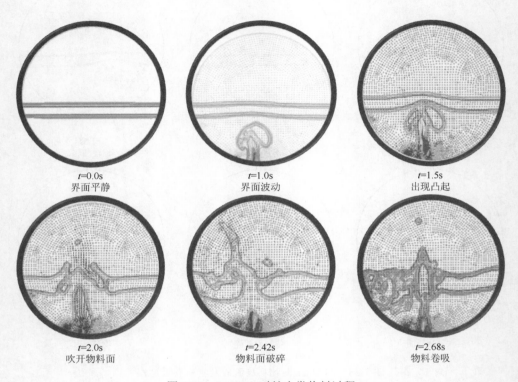

t=0.0s　　　　　　　　　t=1.0s　　　　　　　　　t=1.5s
界面平静　　　　　　　　界面波动　　　　　　　　出现凸起

t=2.0s　　　　　　　　t=2.42s　　　　　　　　t=2.68s
吹开物料面　　　　　　物料面破碎　　　　　　　物料卷吸

图 7-39　0.48kg/s 时炉内卷物料过程

　　以上模拟结果显示，当气流流量较小时，气团上浮过程中变形较小，当流量较大时，气团在上浮过程中的变形较大，随着气体流量的增大，其变形程度愈发剧烈。从上面分析可知：底吹炉内气团夹带周围熔体上浮，到达自由液面时，卷吸液面物料进入熔池内部进行良好的混合，使得熔体对物料迅速进行加热和熔化，并与氧气进行高温高效反应，有利于提高底吹炉熔池内部的熔炼速度。

　　为了了解物料层破碎后其分布的情况，对入口流量为 0.48kg/s 时气团上浮过程中各时刻物料的分布情况进行监测。图 7-40 所示为垂直于炉内氧枪轴向纵截面各时刻物料的分布情况。t=1.0s 时，第一个气团穿过物料层；t=2.0s 时，物料层出现大的波动，但此时物料层没有出现大破碎现象；t=6.5s 时，氧枪侧上部物料层已经破碎得比较完好，且主要分布在氧枪侧熔池的上半部，在氧枪对侧物料层基本处于波动状态，破碎情况不明显。

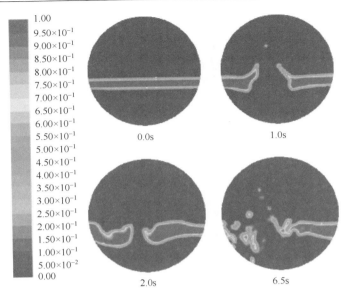

图 7-40　不同时刻截面物料层体积分数分布图

　　图 7-41 为 7°氧枪轴向纵截面各时刻物料的体积分数分布图。如图所示，在 t=0.0s 时，炉内物料层处于平静状态；t=1.0s 时，气团上浮到达液面，表面物料层向上隆起；t=2.0s 时，上部少量物料被卷入铜锍区；t=6.5s 时，氧枪上部的物料破碎得较为完好，分布较广。

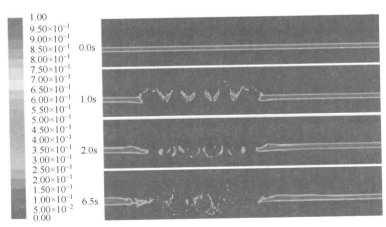

图 7-41　不同时刻轴向纵截面物料层体积分数分布图

　　在 0.0～6.5s 过程中，物料的流动性较差，铜锍的流动性较好，因此从图示可以看出，在物料层的破碎过程中，物料层的波动较小，而铜锍区的波动较大。

从上面对不同时刻不同截面物料层体积分数分布图可以看出：物料破碎后主要分布在熔池的上半部分，且物料卷吸主要发生在氧枪侧区域。

7.4　氧枪参数对流场影响的数值模拟试验与分析

田口方法是由日本著名质量管理专家田口玄一博士在 20 世纪 70 年代初创立的使用正交表进行试验设计的方法，因为能够快速找到质量成本最低的技术方案，迅速被广大研发和工艺管理人员所采用。它的主要特点是，引进质量损失函数，并将其转化为信噪比，以正交试验设计为基础，通过对试验方案的统计分析，找出各参数值的最佳水平组合，从而提高产品的性能和质量。由于正交试验具有"均匀分散性，整齐可比"的特点，所以应用正交表安排试验具有代表性，能够比较全面地反映各因素各水平对指标影响的大致情况。

本节根据影响底吹铜熔池熔炼特性的要素，运用计算流体力学软件 Fluent，采用气含率、熔池内熔体平均速度以及平均湍动能作为优化指标，首先进行氧枪角度、氧枪直径以及氧枪间距对熔炼过程的单因素影响分析，找出各因素的最优区间。然后对底吹铜熔池熔炼炉的不同氧枪参数组合进行数值模拟，应用田口方法找出最优的组合参数。

7.4.1　氧枪单因素对优化指标的影响

根据方圆集团生产经验，双排氧枪布置方式会引起液面波的叠加效应，不利于熔炼过程的进行，因此在进行氧枪倾角优化时，只考虑单排氧枪倾角变化对熔炼过程的影响。

单排氧枪倾角影响分析是在氧枪入口流量不变的前提下进行的。首先建立不同倾角的氧枪的二维纵截面喷吹模型，采用数值模拟方法对每个模型进行计算。熔池达到相对稳定时，得到相应倾角氧枪条件下的熔池气含率、熔体平均速度及湍动能。综合分析以上三个指标，可以得到单排氧枪的最佳倾角范围。

试验设计了 7 组氧枪角度进行分析，分别为 0°、7°、12°、17°、22°、27°、32°，每一组模型计算时间为 10s。

熔池稳定后不同角度氧枪条件下的熔池气含率、流体平均速度及湍动能分布如图 7-42 所示。

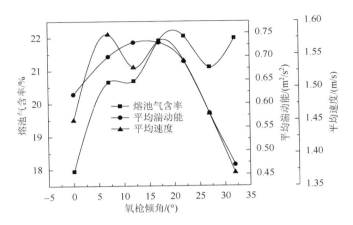

图 7-42　熔池气含率、流体平均速度及湍动能随氧枪倾角的分布

　　分析图 7-42 可知：熔池稳定后，在氧枪倾角为 0°～22°之间时，熔池气含率随着氧枪倾角的增大而不断增加，在 17°～22°之间达到最大值；随后随着氧枪倾角的增大，熔池气含率不断降低，当氧枪倾角大于 27°时，熔池气含率又随着氧枪倾角的增大而增加；流体平均速度随氧枪倾角的增大呈现 M 形曲线分布，两个峰值分别出现在 7°和 17°处；流体平均湍动能随着氧枪倾角的增大呈现抛物线状分布，在氧枪倾角为 17°时到达最大值。对这三个参数综合评价分析可得：当氧枪倾角为 17°～22°时，底吹熔炼炉各项参数均处于较好的水平。

　　在进行单排氧枪间距优化时，先研究氧枪有效搅拌区直径。有效搅拌区的轮廓线在熔池液面上为其截面速度分布线的拐点。以各高度截面的速度分布拐点与液位深度作图，可得最低搅拌范围的边界曲线，将此曲线延伸至液面，可得有效搅拌区直径 S。有效搅拌区直径与氧枪直径、熔池液位深度、熔炼炉内径、修正的弗劳德数和氧枪倾角有关。若假设有效搅拌区直径为 S，氧枪间距为 W，则认为当 $S/W=1.2～1.5$ 时，氧枪间距最佳，既能保证氧气的高效吸收利用，又能防止搅拌死区的出现。

　　在氧枪倾角为 20°时，建立熔炼炉的三维数学模型。为了简化计算、节约计算资源，在建模时将底吹炉简化成轴向长度等于其直径 3.5m 的三维模型，得到熔池稳定后的有效搅拌区直径分布，如图 7-43 所示。

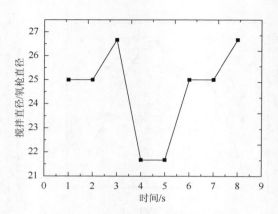

图 7-43　有效搅拌区直径随时间分布图

　　分析图 7-43 可知,熔池达到稳定后,有效搅拌区直径随时间的变化不大,基本趋于稳定。提取数据可得,此种工况下有效搅拌区直径为 1.475m,又由 S/W=1.2～1.5 时的氧枪间距 W 为最佳可得 W=0.98～1.23m,此时熔炼炉的氧气利用率和搅拌效果均处于较好水平。

　　为了保证富氧空气由氧枪喷出进入熔池后流态不变,采取氧枪出口速度不变的策略进行氧枪直径的优化。建立二维熔炼炉纵截面数学模型,分别对氧枪直径由 10mm(每次增加 10mm)逐渐增大到 60mm 的六组工况进行模拟,得到熔池稳定后的相关参数。由于氧枪出口速度不变,所以随着氧枪直径的增加,气体流量也不断增加。在氧枪流量不同时单纯考虑熔池气含率、湍动能和平均速度的水平作为优化标准就不合理了,因此在进行数据处理时,采用相关参数的相对变化值作为优化标准。以氧枪直径为 10mm 时的数据为基准,比较其相关参数变化与直径变化之比,即

$$\theta' = \frac{\theta - \theta_{10}}{D - D_{10}}$$

　　式中：θ——参数值(如熔池气含率等);
　　　　　θ'——对应参数的相对变化值,相关参数的相对变化值随氧枪直径的变化趋势如图 7-44 所示。

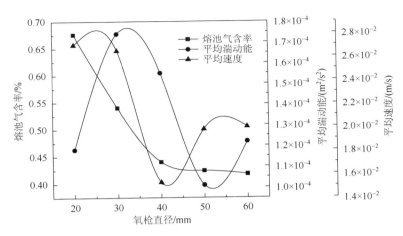

图 7-44　熔池气含率、流体平均速度及湍动能相对变化值随氧枪直径的分布

如图所示，熔池气含率随氧枪倾角的增大而不断减小，说明减小氧枪直径有利于提高熔池气含率；平均湍动能和平均速度随氧枪直径的增大呈曲线分布，其峰值均出现在氧枪直径 30mm 附近；当氧枪直径为 40～50mm 时，熔池中各参数水平均较差。综合评价分析可得：当氧枪直径为 30mm 时，熔池中各参数处于较好的水平，60mm 次之，50mm 最差。

7.4.2　多目标优化

依据田口原则，结合底吹铜熔池熔炼相关工艺知识及生产经验，确定氧枪直径、氧枪倾角及氧枪间距为可控因素，不考虑噪声因素及各因素的交互作用的影响。结合前面氧枪倾角、氧枪直径及氧枪间距单因素对底吹铜熔池熔炼过程的影响分析，对三个因素进行组合优化。

正交试验选用 $L9$（3^3）进行试验，试验正交表及试验数据见表 7-3。各因素均采用三水平，因子水平见表 7-4。此外，通过对计算流体力学前处理软件 GAMBIT进行编程实现几何模型准确、快速的参数化建模。为了实现底吹熔炼炉的多目标优化，优化指标需要统一量度，然后通过各指标的权重转化为综合指标，故需对气含率、平均速度及平均湍动能进行无量纲处理（表 7-5），即各优化指标与其相应的最大值的比值。

表 7-3　因素水平配置表

因素 水平	氧枪直径/m	氧枪间距/m	氧枪倾角/(°)
1	0.03	0.98	17
2	0.05	1.1	20
3	0.06	1.23	22

表 7-4　正交试验表及优化指标

模拟次数	氧枪直径	氧枪间距	氧枪倾角	气含率/%	平均熔体速度 /（m/s）	平均湍动能 /（m²/s²）
1	1	1	1	7.321609	0.469539	0.001763
2	1	2	2	5.840802	0.455994	0.00146
3	1	3	3	6.023578	0.40119	0.001185
4	2	1	2	6.959134	0.489695	0.001144
5	2	2	3	5.590947	0.440132	0.001
6	2	3	1	6.865648	0.399209	0.000948
7	3	1	3	6.871694	0.472936	0.001244
8	3	2	1	8.121766	0.51804	0.001186
9	3	3	3	6.344735	0.403824	0.000912

表 7-5　正交试验表及综合优化指标

模拟次数	氧枪直径	氧枪间距	氧枪倾角	无量纲气 含率	无量纲熔体 速度	无量纲湍流 强度	无量纲综合 优化指标
1	1	1	1	0.90148	0.906376	1	0.919844
2	1	2	2	0.71915	0.880229	0.828426	0.790885
3	1	3	3	0.74166	0.774438	0.672511	0.740721
4	2	1	2	0.85685	0.945284	0.648794	0.850664
5	2	2	3	0.68839	0.84961	0.567092	0.720972
6	2	3	1	0.84534	0.770614	0.537816	0.768401
7	3	1	3	0.84608	0.912933	0.705702	0.844279
8	3	2	1	1	1	0.672908	0.944394
9	3	3	2	0.78120	0.779523	0.517617	0.735838

　　在参数设计中,田口博士引进信噪比作为判别产品质量特性是否稳健的指标。其分析过程是,通过正交试验表,以信噪比作为产品稳健性的评价指标,采用统计技术进行分析,确定最佳水平组合,从而达到择优目的,信噪比的极差（最大值与最小值之间的差值）越大,说明该因子对产品性能的影响水平越高。

通过分析各次试验和生产实践的优化指标，发现熔池熔炼效率的高低与气含率、熔池平均速度及熔池平均湍动能有关。尤其是提高熔池内部气含率，可以提高底吹铜熔池熔炼过程的生产效率，节约氧气消耗量。另外，尽量提高熔池内部气含率，提供熔池内部的快速反应环境，但要保证气泡与熔体有足够的接触面积以及新增物料与高温熔体的良好混合状况，防止物料过冷以及气相与熔体的接触面积过小。故选取熔池内部气含率、熔池平均速度及熔池平均湍动能进行静态特性信噪比的多指标评价分析，其中气含率、熔池平均速度及熔池平均湍动能均具有望大特性，故由综合指标计算式（7-1）可知：综合指标也具有望大特性。望大特性的 S/N 比计算公式如式（7-2）所示。

$$Y = w_1Y_1 + w_2Y_2 + w_3Y_3 \tag{7-1}$$

$$\eta = -10\lg\left[\frac{1}{n}\sum_{i=1}^{n}\frac{1}{y_i^2}\right] \tag{7-2}$$

式中：w_1, w_2, w_3——指标权重；

$\quad\quad n$——每组工况下试验次数，本试验取 1。

在底吹铜熔池熔炼过程中，各个优化指标的重要程度有所不同，对于综合质量特性的影响也不同。为此，可以通过建立模糊比较矩阵的方法来确定各个优化指标的相对重要性，进而确定各个优化指标在综合质量特性中所占的权重[6]。

本试验选取的质量特性目标有三个，分别是气含率、平均速度及平均湍动能。经过专家评估，得到以下模糊判断矩阵：

$$\begin{bmatrix} 1 & [1,5] & [1,7] \\ [1/5,1] & 1 & [1,3] \\ [1/7,1] & [1/3,1] & 1 \end{bmatrix}$$

通过引入变量 z，构造如式（7-3）所示的线性规划，运用 MATLAB 求解，得到优化指标的权重向量为：$w = \{0.499, 0.334, 0.167\}$，$w_0 = 0.167$。

$$\text{Max } z = w_0$$

$$\text{s.t. } w_0 - w_1 + w_2 \leqslant 0, w_0 + w_1 - 5w_2 \leqslant 0 \tag{7-3}$$

$$w_0 + w_1 - 7w_3 \leqslant 0, w_0 - w_1 + w_3 \leqslant 0$$

$$w_0 - w_2 + w_3 \leqslant 0, w_0 + w_2 - 3w_3 \leqslant 0$$

$$w_2 + w_1 + w_3 = 1, w_0, w_1, w_2, w_3 \geqslant 0$$

各控制因素对综合指标的 S/N 比响应值及贡献率分析见表 7-6。

表 7-6　各控制因素对综合指标的信噪比响应表

水平		控制因素		
		氧枪直径（A）	氧枪间距（B）	氧枪倾角（C）
	1	−1.79	−1.2	−1.17
S/N 比	2	−2.178	−1.792	−2.036
	3	−1.544	−2.52	−2.306
极差		0.634	1.32	1.136
排秩		3	1	2
贡献率		21%	43%	37%

各控制因素对综合指标的信噪比及均值效应图如图 7-45 所示。

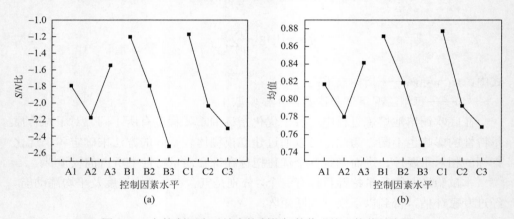

(a)　　　　　　　　　　　　　　　　(b)

图 7-45　各控制因素对综合控制指标的信噪比及均值效应图

各控制因素对综合指标的信噪比及均值的贡献率如图 7-46 所示。

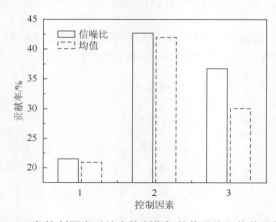

图 7-46　各控制因素对综合控制指标的信噪比及均值贡献率

各控制因素对综合指标的均值响应值及贡献率分析见表 7-7。

表 7-7　各控制因素对综合指标的均值响应表

水平		控制因素		
		氧枪直径（A）	氧枪间距（B）	氧枪倾角（C）
均值	1	0.8171	0.8716	0.8775
	2	0.78	0.8188	0.7925
	3	0.8415	0.7483	0.7687
极差		0.0615	0.1233	0.1089
排秩		3	1	2
贡献率		21%	42%	37%

根据公式计算的数值模拟数据信噪比和均值的极差和贡献率见表 7-6 和表 7-7。贡献率的计算公式如下

$$\text{CR}_j = \frac{\varphi_{\max,j} - \varphi_{\min,j}}{\sum\limits_{j=1}^{m}(\varphi_{\max,j} - \varphi_{\min,j})} \times 100\% \tag{7-4}$$

式中：j——第 j 个控制因素；

　　　$\varphi_{\max,j} - \varphi_{\min,j}$——极差。

贡献率越大，说明该因素对产品性能的影响就越大。

各因素对综合指标的信噪比和均值的贡献率如图 7-46 所示。依据试验结果，氧枪间距、氧枪倾角、氧枪直径对熔炼过程的优化指标都有重要影响。尤其是氧枪间距和氧枪倾角的影响较大。因此，通过对各因素对综合指标的信噪比和均值的贡献率的比较，得出各控制因素对试验指标影响作用的主次：氧枪间距＞氧枪倾角＞氧枪直径。通过信噪比分析和极差分析，推定本试验最佳优化参数组合为：A3B1C1，即氧枪直径为 0.06m，氧枪倾角为 17°，氧枪间距为 0.98m。

通过对优化组合条件下的熔炼炉进行数值模拟，得出熔炼过程达到动态稳定的时候，熔池内部的气含率、平均速度及湍动能分别为 8.32%、0.551339m/s 和 0.0013929m²/s²。对三个指标进行无量纲化，然后结合式（7-2）及式（7-3）可得，优化组合条件下的信噪比为-0.04431。通过对优化结果与正交试验结果进行对比，可知优化后组合的信噪比远大于正交试验中的最大信噪比-0.4969。

对优化后的工况与正交试验 9 种工况进行比较，其中气含率与平均速度随时间变化的比较如图 7-47 所示。

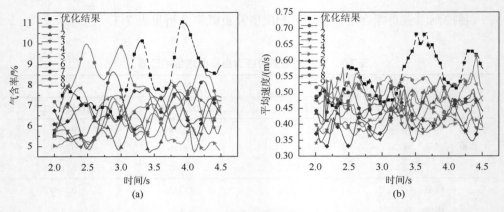

图 7-47　优化组合与正交试验各组合条件下熔池内气含率、平均速度随时间变化的比较

　　当熔池被气相充分搅动起来后，可得到优化组合条件下熔池内平均气含率为 8.32%，大于正交试验中的最大值 8.1%。增大熔池气含率，能够有效地增大气相与熔体的接触面积，提高熔池的熔炼效率。

　　优化组合条件下熔池内部的平均速度为 0.551339m/s，比 9 组正交试验结果都大，说明优化组合能够提高熔池的搅拌能力，加大氧枪上部新增物料进入高温熔体的速率，提高熔炼炉内物料的处理量。

　　通过以上对优化组合与 9 组正交试验组合的优化指标及信噪比的比较分析，可确认优化组合确实优于其他组合。试验设计准确，具有再现性，优化后所得的组合提高了熔池熔炼过程的工艺性能。

参 考 文 献

[1]　Anagbo P E，Brimacombe J K. Plume characteristics and liquid circulation in gas injection through a porous plug[J]. Metallurgical and Materials Transactions B，1990，21（4）：637-648.

[2]　Iguchi M，Ueda H，Chihara T，et al. Model study of bubble and liquid-flow characteristics in a bottom blown bath under reduced pressure[J]. Metallurgical and Materials Transactions B，1996，27（5）：765-772.

[3]　Diaz M，Martin M T. Mixing in batch G-L-L′ reactors with top and bottom blowing[J]. Chemical Engineering Science，1999，54（21）：4839-4844.

[4]　Ozawa Y，Mori K. Characteristics of jetting observed in gas injection into liquid[J]. Transactions of the Iron and Steel Institute of Japan，1983，23（1）：764-768.

[5]　彭济时，王守德. 固定式熔池侧吹炼铜的流场模拟[J]. 有色冶金设计与研究，1996，17（1）：7-10.

[6]　张军. 基于田口方法的多质量特性稳健设计研究[D]. 上海：上海交通大学硕士学位论文，2005：39-40.

第8章 底吹熔炼过程的技术经济指标

氧气底吹熔池熔炼属于富氧强化熔炼技术，最早在炼铅厂实现工业化[1]，目前已有20多家炼铅厂采用了底吹炉炼铅技术，并取得了显著的经济与社会效益。氧气底吹炼铜技术的工业化起步较晚，但经过近几年的发展，已经取得了长足的进步。自2008年开始，先后在山东的东营方圆、烟台恒邦、内蒙古的包头华鼎实现了工业化生产[2]。方圆集团于2008年12月16日投产的"氧气底吹造锍捕金新工艺示范工程"项目，通过工艺过程的控制，已经实现了完全自热熔炼，其粗铜能耗最低降至120kg标煤/t左右[3]。与其他先进炼铜技术相比，底吹炼铜技术原料适应性强、能耗低、安全环保、劳动强度低、工艺过程简单、容易掌握和操控[4]。通过几年的生产实践，底吹炼铜技术运行稳定可靠，主要生产技术经济指标见表8-1，其已达到了国际领先水平。

表 8-1 底吹炼铜主要技术经济指标

项目	单位	设计值	实际值
精矿处理量	t/d	1150	2040
送风时率	%	95	95
燃料率	%	2.46	0~0.8
氧料比	m^3/t	186.2	120~150
脱硫率	%	68.19	65~70
进锅炉烟气 SO_2 浓度	%	14.68	>20
渣型 Fe/SiO_2		1.7	1.6~2.0
渣含铜	%	4	2.0~3.5
烟尘率	%	2.5	1.5~2.0
炉料粒度	mm	<15	<20
炉料水分	%	8	6~8
选矿弃渣含铜	%	0.42	0.25~0.35
氧浓	%	70	70~75
氧枪气体压强	MPa	0.4~0.6	0.5~0.6
铜锍品位	%	55	≥73
熔池温度	℃	1180~1200	1180±20

项目	单位	设计值	实际值
	%	Cu，97.79	Cu，98.50
总回收率	%	Au，97.75	Au，98
	%	Ag，95	Ag，98

8.1　床　能　力

床能力是指一昼夜每立方米炉容积或炉床单位面积处理的精矿量。影响床能力的因素主要有氧气浓度、混合精矿成分、送风时率和操作技能等[5]。在精矿成分、送风时率与操作技能一定的情况下，氧气浓度和供氧能力的高低是决定炉子熔炼强度（即床能力）的关键因素，而熔炼强度的大小是决定炉子床能力的重要标志。氧气底吹熔池熔炼的重要特性之一就是高氧浓、高氧压，因此，底吹炉熔炼强度大，床能力较其他工艺高。国内外各种熔池熔炼方法都有一个相适应的最佳富氧浓度，不可以随意提高，而且大多在 70%以下，否则会破坏熔炼制度，更重要的是缩短炉子的使用寿命。目前，世界上常采用的熔炼方法如富氧顶吹的艾萨法氧浓为 42%～52%，三菱法氧浓为 42%～48%，诺兰达炉氧浓为 30%～40%，瓦纽科夫炉为 55%～80%，而方圆集团冶炼厂氧气底吹熔炼的氧浓保持在 73%以上，氧浓比较高。最关键的是，底吹熔炼中氧的利用率高（高达 100%），单位时间、单位容积处理炉料量与现有方法比较最大，熔炼强度以反应区容积计算，已达到 18.6t/(m³·d)。表 8-2 是几种常用熔炼方法的床能力与富氧浓度。

表 8-2　几种熔炼方法的床能力和富氧浓度

参数	单位	艾萨	瓦纽科夫	三菱法	奥斯麦特	方圆底吹炉
富氧浓度	%	42～52	55～80	42～48	40～45	75
按面积算床能力	t/(m²·d)	65	40～70	19～21	49.5	53.2
按容积算床能力	t/(m³·d)	13.4	8.3～11.7	—	5.5～6.0	21.4

8.2　渣　含　铜

底吹炉熔炼渣含铜相对较高，一般在 2.0%～3.5%（表 8-3），这是由于炉子结构本身及相关技术条件与其他熔炼方法不同。如底吹炉结构，熔炼区与沉降区无隔墙，氧气通过氧枪从底部送入炉内，氧压高，气流速度高，几近射流状态，炉内熔体搅动剧烈，因此没有独立或明显的静止沉降分离区；底吹熔炼温度较低（一般控制在 1100～1180℃），炉渣的铁硅比高（一般控制在 1.7～2.0），流动性较差，渣铜的分离条件不好；生产的铜锍品位高（一般在 75% 左右），也是底吹炉熔炼渣含铜高的因素[6]。

表 8-3　底吹炉与其他熔炼方法铜锍品位和渣含铜

指标名称	单位	诺兰达	瓦纽科夫	奥斯麦特	白银法	闪速熔炼	三菱	底吹炉
铜锍含 Cu	%	55～75	47～55	50～64	35.6	58～65	68	55～75
熔炼渣含 Cu	%	4～6	0.3～0.65	0.5～0.8	0.48	0.8～1.5	0.6	3.5

底吹炉渣的特点是：渣含铁高，渣中铁硅比可在 1.4～2.2 范围内变化，一般为 1.7～1.9。炉渣磁铁含量为 6.0%～12.0%，熔炼过程中未发现四氧化三铁或难熔物在炉底沉结或产生隔层。

渣口采用耐火黄泥封堵，可采用渣口机或人工用钢钎打开。待一包炉渣放完，用事先准备好的耐火黄泥将渣口封堵严实。底吹炉高铁渣成分见表 8-4。

表 8-4　底吹炉高铁渣成分（%）

Cu	Fe	SiO_2	CaO	S	Al_2O_3	Au	Ag
2.45	43.54	23.67	2.28	1.25	1.07	1.02	23.54

底吹炉渣主要是炉料中的各种氧化物相互熔融而成的共熔体，主要的氧化物是 SiO_2 和 FeO，其次是 CaO，Al_2O_3 和 MgO 等，主要由铁橄榄石（$2FeO \cdot SiO_2$）等硅酸盐复杂分子组成，产生的渣定期从渣口放出。

炉渣的性质对熔炼作业有十分重要的意义，渣的流动性好且密度小，渣含铜低，直收率高，也好操作，劳动强度和作业环境好一些。含铜高的渣放出时烟气大，因为渣中的铜大多以 Cu_2S 或黄铜矿的形式出现，同时出现 Fe/SiO_2 偏大的假象。

几次较长时间的炉子转出后再恢复生产的实践表明：不管转出前渣的流动性有多好，长时间停料之后转入表现出渣性变差，尤其是渣含铜变高。这主要是渣端的温度偏低，刚加入的生料在相对静态的低温渣面上漂浮，容易形成夹层，而且渣子在炉子转动的过程中黏附在炉壁上不易漂浮，使渣面变薄，铜沉淀不如正常生产前，使铜随渣子放出，需要一段反应时间改变这种状态。因此，只要冰铜液面不是很低，在不影响提温的情况下，采取先放冰铜的办法比较适宜。

任何时候放渣，渣口都要从上向下开，"宽、浅、平"是渣口工的操作要领，若渣温低，流动性不好，则采取渣口吹压缩风的效果比较理想。若渣稀、渣稠、冰铜面高或渣型不好，放渣时都会带铜，这要结合当时的渣型和放渣放冰铜的量去衡量，只考虑任何一个因素都是不妥当的。

底吹炉渣量大，一般为投入炉料的 53%～58%，严格控制其渣含铜对于提高系统直收率意义重大。底吹炉在投产的前半年时间里，渣含铜在 3%～6%，个别情况出现 10%～13%，造成了大量的铜在系统周转，给渣缓冷岗位的冰铜条件带来相当大的压力。后通过对底吹炉炉温、渣层厚度、Fe/SiO$_2$ 的严格控制，才使这种状况得到扭转。炉温过低造成渣口放不出渣，炉温过高会引起液面涌动剧烈，渣口无法正常封堵，现在炉温要严格控制在（1155±5）℃；方圆集团的底吹炉液面探测孔设计在反应区上方，致使无法正常测量液面，渣层控制全凭经验和摸索，生产初期液面波动比较大，液面过低造成渣层中的冰铜沉降不好，液面过高造成放渣时冰铜从渣口涌出，铜口无法封堵，甚至出现被迫转出炉子的情况，渣含铜也是忽高忽低，现在渣层厚度严格控制在 200～300mm；方圆集团的底吹炉的 Fe/SiO$_2$ 相对宽松一些，根据经验控制在 1.2～1.9 对渣含铜的影响不大，现在方圆集团的底吹炉的 Fe/SiO$_2$ 控制 1.6～2.0。生产之初和现在的底吹炉渣成分见表 8-5。

表 8-5　不同时期的熔炼渣成分

时间	Cu/%	Fe/%	SiO$_2$/%	CaO/%	S/%	Fe/SiO$_2$
2009-01-06 21 : 27	3.04	42.44	31.11	＜0.5	2.31	1.36
2009-01-08 4 : 37	2.51	46.31	24.17	3.25	2.08	1.9
2009-01-08 12 : 54	1.41	48.19	25.3	2.79	1.56	1.9
2009-12-06 15 : 56	2.87	41.11	29.03	2.39	1.23	1.42
2010-01-01 14 : 19	2.33	42.99	28.71	2.2	1.2	1.5
2010-02-16 4 : 31	1.95	44.15	26.73	1.43	1.16	1.65
2010-02-20 4 : 30	1.96	43.9	30.56	1.38	1.14	1.44
2010-02-26 20 : 48	3.63	43.69	27.28	1.32	1.72	1.61

方圆集团底吹炉 2010 年 2 月的渣含铜加权平均值为 2.55%，通过对炉温、渣层、Fe/SiO$_2$ 的严格控制，底吹炉渣含铜达到了稳定状态，并且随着实践的深入，还有进一步降低的空间。

8.2.1　Fe/SiO₂ 及渣中的其他成分

Fe/SiO₂ 高，多数渣含铜也高，一般控制在 1.6～2.0 左右比较适宜，Fe/SiO₂ 过高的渣偏稀且密度较大，渣铜分离不好，Fe/SiO₂ 过低的渣偏黏，虽然密度小，但包在其中的铜颗粒也不易分离沉淀，且渣子容易黏结溜槽。如果产出的铜锍品位高于 55%，且产出的渣是高铁渣（含铁大于 40%）时，其 Fe/SiO₂ 可以适当控制高一些，甚至大于 2，因为虽然这时的渣密度较大，但是铜锍的密度也相对增大了。因此，Fe/SiO₂ 在一定程度上不影响渣含铜，影响渣含铜的因素是铜锍品位[7]。

渣型与其他成分也有关，Al、Zn、Mg 等氧化物高熔点组分影响渣型，表现出渣铜分离不好，流动性不好，呈黏稠状。但是有关资料表明，这些化合物（CaO、Al₂O₃）微量时可以改善渣型，CaO 就是如此，当渣中的 CaO 小于 1%时，渣含铜明显偏高，当渣含 CaO 3%左右时，渣的流动性好，渣含铜低，也就是说它可以改善炉渣与铜锍的分离性能。同时，PbO 可以改善渣的流动性。

表 8-6 给出了不同阶段的底吹炉渣成分。可以看出，试生产期炉渣 Fe/SiO₂ 较高，约为 1.79，对应的渣含铜为 4.67%；生产近一年后，炉渣 Fe/SiO₂ 约为 1.57，渣含铜 2.37%，明显降低。

表 8-6　不同阶段典型的底吹炉渣成分（%）

成分	Cu	Fe	SiO₂	CaO	S	MgO	Al₂O₃	Pb	Bi	As	Zn	Cd	Au	Ag
渣成分 1	4.67	41.27	23.08	1.52	1.68	0.97	2.82	0.66	0.03	0.16	4.04	<0.1	0.78	83.06
渣成分 2	2.37	43.85	28.00	1.38	1.29	0.07	2.33	0.39	0.03	0.18	2.78	<0.05	0.23	28.13

注：Au、Ag 单位为 g/t，渣成分 1 是试生产综样，渣成分 2 是生产近一年的综样

通过比较不难看出，底吹炉产出的渣 Fe/SiO₂ 较高，其比值通常在 1.6～2.0 内适宜，也就是加入的熔剂较少，这也是节能的具体体现，且有利于渣选矿。

8.2.2　造渣时间

在炉温合适的情况下，尽量给渣铜一个沉降分离的时间，对降低渣含铜意义很大，如在放渣时停止锅炉振打等都会明显降低渣含铜。

资料表明，直径 5cm 的矿料熔化需要 90s，因此常伴有生料随渣放出，这也是铜损失的重要原因之一，同时大块料进入炉内还会引起熔体飞溅，因此要从源头上杜绝大块矿料进入炉内，以提高铜的直收率。

8.2.3　温度控制

只有稳定的炉膛温度才有可能营造稳定的生产过程。渣温一般在 1130～1160℃比较适宜，若低于 1080℃，排放就比较困难，而且渣在过低的温度下长时间熔炼会有危险，因为加入的矿料不能完全反应而浮在表面生成浮块，不仅使铜损失，而且严重时会引起鼓炉；相反，温度高于 1200℃时堵口比较困难，这时的熔体翻腾比较严重，势必造成渣带铜。相对其他熔池炉，较低的渣温度能顺利生产，这与高氧势底吹有直接的关系，其便于操作，也有利于延长炉寿命，这也是节能的具体体现。

8.2.4　渣面控制

控制渣层厚度比较重要，但计算往往和实际有偏差，因为计算是累计误差，不能像理论那样准确，除非是过程在线数字信息化检测，而且数据比较多。最简单易行的是测量渣、铜液面，但方圆底吹炉还不能很好地实现，因为测量孔设在反应区，没有明显的渣铜界限，只能依靠放渣（铜）的过程进行判断，放渣时偶尔带铜或者一包渣放到最后才带铜，就说明铜锍面高；放铜锍时压力逐渐变小，就说明铜锍面低。通常情况下，渣面在 200～350mm 比较理想，要抓住每次炉子转出检修的机会进行液面测量校正操作。做到理论计算、经验判断以及校正操作相结合，将液面控制在合理的范围内。

8.3　铜、金的直收率和回收率

氧气底吹熔炼过程的熔炼渣含铜较高，一般为 3%左右，若渣率为 50%，处理原料平均含铜22%，管理损失为 0.5%，则直收率为 92.7%，实际在 90%左右。但是由于熔炼渣经缓冷、选矿后，尾矿含铜较低，为 0.3%，含金小于 0.3g/t。若混合料含金 10～20g/t，则总回收率分别是铜98.8%，金98%～98.7%。可见，铜、金总回收率比较高。由于熔炼渣的 Fe/SiO_2 较高，渣率较低，金属损失少。实际上，管理损失要大于 0.5%，铜的回收率为 98%左右。当处理原料含铜品位高，如 25%～30%时，回收率还将提高。

8.4　粗铜的综合能耗

现代炼铜法中基本采用了富氧熔炼，利用高氧浓来控制高锍品位，以利用其自身反应热达到降低生产能耗的目的。底吹炉工艺的能耗主要涉及燃料、氧气利用两个主要方面，及水电、设备等其他次要方面。底吹炉的冶炼热平衡见 3.7.1 节。

　　氧压高，无疑动力消耗大，这是底吹炉熔炼工艺的一大弊病，底吹炉熔炼工艺的氧压高达 0.5～0.7MPa，在所有方法中最高。但高氧压对熔池起到了非常好的搅拌作用，也给反应过程提供了较高反应动力学条件，为底吹炉的高床能力创造了有利条件，底吹炉工艺通过各项优化控制措施，氧利用率可达 100%。氧压高并非是底吹熔池深造成的，因为即使 2m 深的熔池熔体，设全部熔体比重最高值为 5（即密度为 5kg/L），其静压头仅 10mH$_2$O，仅耗 0.1MPa。造成氧压高的主要原因是，为了让高速气流冷却氧枪，动压头消耗过大。

　　在水、电及设备方面，从循环水泵组、电机组、管网、线网、换热设备、制冷设备、空压设备等方面入手，采用以计算机为基础的 DCS 控制系统，以及先进的检测技术，随时检测能耗设备当前运行的工况参数。按照"合理流量、最低阻抗、最高效率"的经济运行原则，进行系统能量利用效率分析，评价各项当前能量利用效率指标，准确找到设备的最佳工况点。并且健全相应的工作操作制度，对各工艺管线进行人工定期巡查、维护和更换。

　　经过不断的技改措施，方圆集团的底吹炉系统的能耗控制达到了较好水平。相比其他现代铜冶炼工艺，底吹炉工艺能耗低得多。2016 年，从精矿到粗铜全年的平均值为 143kgce/t 粗铜，按季度平均最低为 126kgce/t 粗铜，可见该工艺在节能上还有较大潜力。

　　在当今的各种炼铜工艺中，无论是闪速熔炼，或是各种熔池熔炼，在造锍熔炼的过程中，都需要配入适量的固体燃料或液体、气体燃料，以满足熔炼过程热平衡的需要，使生产顺利进行。例如，我国富氧侧吹熔池熔炼的配煤率为 5%～7%，但其粗铜综合能耗为 213kgce/t 粗铜。澳大利亚芒特艾萨公司的艾萨熔炼炉燃料率为 5.5%，我国侯马冶炼厂奥斯麦特炉的配煤率为 8.8%。各种主要炼铜工艺在熔炼过程中配入燃料的燃烧热，在热平衡中所占的比例，与离炉烟气带走的热量所占的比例及相应的配煤率列于表 8-7。

表 8-7　燃料燃烧热与烟气带走热在热平衡中的比例

工艺	燃料燃烧热比例/%	配煤率	烟气带走热比例/%
澳大利亚芒特艾萨公司艾萨炉	35.12	3.07	36.07
	38.52	4.18	48.70
	34.93	3.21	49.23
	38.39	3.63	50.38
大冶诺兰达	38.53		46.38
水口山底吹炉	22.06	3.3	26.49
	36.59		48.84
白银炉	41.89		47.66

工艺	燃料燃烧热比例/%	配煤率	烟气带走热比例/%
金昌奥斯麦特	47.18	7.07	37.98
方圆底吹炉设计值	17.69	2.64	24.79
方圆底吹炉生产值	0	0	20.84
瓦纽科夫炉	31.57		31.71

　　方圆集团的造锍熔炼底吹炉，原设计也需要配煤，配煤率为 2.4%，在试生产的过程中由于氧浓较高，熔炼炉产生的烟气量很少，热平衡很容易达到，且配入的煤消耗较多的氧气，为了降低氧气的消耗，可减少配煤，甚至不配煤。经过实践检验，完全可以做到不配煤，实现无碳自热熔炼。其根本原因是底吹炉允许应用较高的富氧浓度，产生的烟气量很少，不配燃料可以维持炉子的热平衡，达到冶金反应所需要的温度。过去我们没有 CO_2 减排意识，对 CO_2 的危害认识不够，现在我们有意识有责任降低燃料率，减排 CO_2[9]。

　　氧气底吹熔炼的配煤率为零，减排甚至不排 CO_2，能源消耗符合低碳经济要求吗？能源消耗最低吗？理论上讲，氧气从底部送入，在上升过程中与炉料中的 FeS、Cu_2S 反应，放出热量，热量是从内部加热熔体，加之氧枪喷出的高速射流均匀地搅拌，具有良好的对流传热过程，热效率极高；其可以应用较高的富氧浓度，离炉烟气量少，且炉壁不用铜水套冷却保护；能源得到充分利用，消耗最低，能源消耗的实际数据示于表 8-8。

表 8-8　能源消耗数据

名称	单位	设计值	实际值	折标煤	折算系数
电力消耗	kWh/t 阳极	1190	903～956	110.98～122.41	0.1229
水消耗	m³/t	50	2.13～3.05	0.55～0.78	0.2571
煤消耗	kg/t	118.5	0～15	0～10.71	0.7143
焦油消耗	kg/t	70	14.8～21.6	21.14～30.86	1.4286
柴油消耗	kg/t	19.2	0～4.4	0～6.41	1.4571
还原煤粉	kg/t	12	8.05～11.27	8.05～11.27	1.000
合计		384kgce/t 阳极*		140.72～182.44	

* 设计值换算成标煤：1190×0.1229+50×0.257+118.5×0.7143+70×1.4286+19.2×1.4571+12×1.000=384kgce/t

　　2015 年 1 月 1 日开始实施的国家标准 GB 21248—2007 规定，从铜精矿到阳极铜的综合能耗为 340kgce/t 阳极。从表 8-8 可见，氧气底吹熔池熔炼工艺的实际能源消耗为 141～182kgce/t 阳极，仅为能耗限额的 41%～54%，平均恰为 45%。该工艺属于低碳工艺，每生产 1t 阳极板消耗 4.123～5.346GJ 的能量（平均 4.48GJ），而国外通常为 10GJ，可见在国际上该工艺是领先的。国际不同的炼铜工艺的用氧量、产生的烟气量和能耗列于表 8-9。

表 8-9　各种铜的造锍熔炼方法能耗比较

项目	单位	奥托昆善闪速熔炼	因科公司闪速熔炼	诺兰达公司熔池熔炼	日本三菱法连续熔炼	方圆集团
吨铜燃料消耗	GJ	3.5	0	3.4	4.8	0
鼓风氧浓度	%	50～70	95	35	45	75
吨铜耗工业氧	kg	480	790	760	390	636
吨铜熔炼烟气量	m³	2700	570	5500	2900	1971
吨铜吹炼烟气量	m³	2600	3200	1800	2200	2088
烟气量合计	m³	5300	3770	7300	5100	4059
吨铜总的过程等值燃料消耗	GJ	14.2	11.6	14.3	16.2	7.75（含酸能耗）

虽然表 8-9 是多年前的数据，但仍可以作为比较的参考数据。

8.5　烟气量与烟气成分

底吹炉熔炼工艺富氧空气采用高氧浓，冶炼过程所产烟气量小，SO_2 浓度高，有利于冶炼烟气制酸系统运行。方圆集团底吹炉烟气成分实测值见表 8-10。

表 8-10　方圆集团底吹炉烟气成分实测值

部位	烟气组成/%					烟气量/（Nm³/h）	烟温/℃
	SO_2	O_2	CO_2	H_2O	N_2		
反应炉出口	32.65	0.53	2.16	29.61	34.05	24641	1000±50
锅炉进口	20.16	8.36	1.33	18.28	51.02	39919	780±30

底吹炉反应炉出口与锅炉衔接采用了水冷上升烟道，上升烟道属于余热锅炉一部分，在起到余热回收作用的同时，也大大降低了底吹炉的漏风率。

底吹炉烟尘率为炉料量的 1.5%～2.5%，具有较大的优势。方圆集团底吹炉的烟尘率控制在 2.0% 以内，低于设计值 2.5%，也对冶炼过程主金属元素的回收提供了有利的条件。底吹炉脱除砷、锑、铋元素的能力较高，脱除率均可达 70% 以上。砷元素可在骤冷塔中冷却收集，以三氧化二砷的形式送市场外售；锑、铋可富集于烟灰，作为提取锑、铋的原料。底吹炉的烟尘成分列于表 8-11。

表 8-11 底吹炉烟尘成分（%）

项目	Cu	Fe	S	SiO$_2$	Pb	Zn	As	Sb	Bi
锅炉尘	25.89	26.45	12.27	7.64	3.48	2.33	1.09	0.41	0.46
电收尘	12.61	10.39	7.62	1.03	13.68	3.56	8.51	0.36	2.14

理论烟气量的计算：熔炼过程的主要化学反应是

$$2FeS+3O_2 \Longrightarrow 2FeO+2SO_2 \tag{8-1}$$

$$2FeS_2+5O_2 \Longrightarrow 2FeO+4SO_2 \tag{8-2}$$

由式（8-1）可知，2/3 体积的氧与硫反应形成二氧化硫，由式（8-2）可知，4/5 体积的氧与硫反应形成二氧化硫，假设二者各半，则和氧气反应形成的 SO$_2$ 气体量是氧气量的 11/15，即 73.3%，原料中的 Pb、Zn、As、Sb、Bi 等杂质被氧化以及部分 FeO 氧化成 Fe$_3$O$_4$ 所消耗的氧量为总氧量的 5%。以每小时送氧量为 11050Nm^3，氮气量为 3950Nm^3 计，形成的 SO$_2$ 量为 7695Nm^3/h。每小时加入的矿量按 80t 计，含水 8%，则水量为 6.4t，每小时体积为 7964Nm^3，不计漏风，每小时理论烟气量为 19609Nm^3 或 1569Nm^3/t 铜，是实测值的 80%。

SO$_2$ 浓度理论值为 39.24%。由以上计算结果可见：①减小漏风是非常必要的；②原料预脱水也很有必要。

8.6 余热发电

余热利用饱和蒸汽透平机组，详细技术指标如下。

制造厂家：DRESSR-RAND。

透平机型号：Nadrowski Tandem CsDsll+B7s-3。

透平机类型：机组为单/多级、串联式设计，齿轮箱单体。高压透平.卧式/悬臂式设计。低压透平.卧式水平剖分/轴承在中间设计。

转子：组合式。

级数：4×(1+3)。

叶片：冲动式、单叶片。

润滑：强制润滑。

齿轮箱类型：单级减速双螺旋齿轮箱。

输入轴速：6900r/min。

输出轴速：1500r/min。

径向轴承：套筒轴承。

发电机类型：同步发电机。

频率：50Hz，电压范围：（10.5±0.525）kV。

轴速度：1500r/min。

径向轴承：耐磨型。

绝缘等级：F/F。

保护等级：IP54。

冷却器设计：水空冷。

发电机功率：3800kV·A。

功率因数：0.8。

透平发电机组优点：

（1）高压透平机为悬臂式设计，低压透平机为多级蒸汽透平机设计，轴承间结构及冲动式叶片设计满足重工业应用要求，效率优化。

（2）透平机叶片从一体叶轮上精加工，连接强度高。

（3）迷宫环轴封机强制润滑系统确保透平轴承性能，方便维修保养。

（4）进口多阀和抽汽阀调节确保在稳定操作机部分负载时的高效率。

（5）透平独立的齿轮箱机系统安装在公用的底座上，结构紧凑，占用面积少。

（6）安全系数高，设备保护系统好。

系统介绍：

余热锅炉产生的饱和蒸汽经高压汽水分离器进入透平机高压缸做功，做功后，一部分蒸汽被抽出进入低压蒸汽管网用于工业生产，另一部分蒸汽进入低压缸继续做功，完成后进凝汽器，蒸汽在凝汽器里凝结成水，被凝结水泵打入余热锅炉除氧器，再进给水泵打入余热锅炉重新利用（图8-1）。

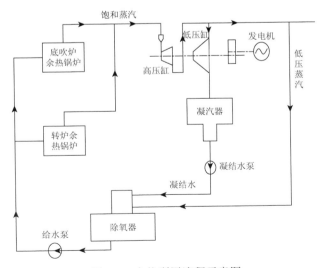

图 8-1　余热利用流程示意图

参 考 文 献

[1]　李贵. 铅氧气底吹熔炼工艺的应用探讨[C]. 中国熔池熔炼技术及装备专题研讨会，北京，2007.

[2]　梁帅表，陈知若. 氧气底吹炼铜技术的应用与发展[J]. 有色冶金节能，2013，29（2）：16-19.

[3]　崔志祥，申殿邦，王智，等. 低碳经济与氧气底吹熔池炼铜新工艺[J]. 有色冶金节能，2011，（1）：17-20.

[4]　崔志祥，申殿邦，王智，等. 氧气底吹无碳自热炼铜新工艺——论低碳经济的炼铜工艺[C]. 第五届绿色财富（中国）论坛，济南，2010.

[5]　朱祖泽，贺家齐. 现代铜冶金学[M]. 北京：科学出版社，2003.

[6]　崔志祥，申殿邦，李维群，等. 底吹熔炼炉的生产实践[C]. 全国铜镍钴生产工艺、技术及装备研讨会，2009.

[7]　王亲猛，郭学益，田庆华，等. 氧气底吹铜熔炼渣中多组元造渣行为及渣型优化[J]. 中国有色金属学报，2015，25（6）：1678-1686.

[8]　崔志祥，申殿邦，王智，等. 高富氧底吹熔池炼铜新工艺[J]. 有色金属（冶炼部分），2010，（3）：18-20.

[9]　崔志祥，申殿邦，王智，等. 富氧底吹熔池炼铜的理论与实践[J]. 中国有色冶金，2010，12（6）：21-26.

第 9 章 展　　望

铜的氧气底吹熔炼技术从 2008 年在方圆集团成功实现产业化以来，经过近九年的安全稳定运行，在国内外得到了广泛的认可，取得了迅速发展。目前，该技术已先后被山东烟台恒邦集团有限公司、包头华鼎铜业发展有限公司、中条山有色金属集团有限公司、河南豫光金铅集团有限责任公司、河南中原黄金冶炼厂有限责任公司、云南铜业（集团）有限公司、五矿铜业（湖南）有限公司、灵宝市金城冶金有限责任公司等十几家企业采用。然而，作为一种冶炼新工艺，其许多方面仍需要结合生产运行情况不断改进、完善、提升。近年来方圆集团在崔志祥董事长的直接推动下，广大科技工作者不断学习、刻苦钻研、勇于创新，在自主研发的同时，先后与中南大学、东北大学、澳大利亚昆士兰大学、美国普渡大学、中国科学院沈阳自动化研究所等单位长期开展产学研合作，在氧气底吹炉的大型化、数字化和智能化及两步炼铜等方面开展了广泛的研究开发。现在，方圆集团已形成了以两步炼铜技术为核心，多金属综合回收和危险废物处理为支撑的技术体系，可处理各种低品位、伴生复杂矿料，环保节能，安全可靠，是有色冶炼技术发展的新方向。

9.1 氧气底吹炉的大型化、数字化和智能化

产业化的验证表明，氧气底吹炼铜工艺具有可行性，且相比于其他熔池技术，该技术能耗低，易处理复杂矿，操作环境优良。目前，其正处于大型化、数字化和智能化阶段。但在此过程中，遇到的困难主要有：加料口易结疤，炉渣含铜较高，氧枪位置最优排布及反应过程机理不甚明了等问题，亟须在这些方面做出改进[1]。

9.1.1 炉料的制备及其加料方式的改进

为了减少过程中的烟尘，提高热效率，在智利特尼恩特炉熔炼工艺中，炉料要事先干燥，然后风力输送直接喷吹到熔体中。这样做虽然增加了干燥工序，但节约了能源。加料方式的改进确实降低了烟尘率，是值得效仿的措施。此外，将炉料制粒后再加入熔炼炉，如艾萨工艺、底吹炼铅等，这些都是很有效的。为了有效解决加料口黏结，也有必要改进加料方式。炉料干燥以湿料含水分 8%，离炉烟气 1100℃计，每吨料吸收带走的热量为 164MJ，按每天处理 2000t 矿计算，

日节标煤 11.2t。湿烟气在余热锅炉内使烟气漏点温度降低，对于锅炉的运行是不利的。

9.1.2　炉内分离与炉外分离及渣贫化

在熔池熔炼工艺的发展中，加拿大的诺兰达工艺开创了铜锍与炉渣炉内分离，放出含铜较高的炉渣，然后渣缓冷、渣选矿回收铜至渣精矿的工艺。苏联的瓦纽科夫炉也是炉内分离，放出的炉渣含铜比较低，能达到甚至略低于三菱、艾萨、奥斯麦特工艺的炉外分离。这是由于瓦纽科夫工艺中炉渣和铜锍在炉内沉降分离的时间较长。

炉渣的贫化工艺有渣选矿和电热贫化两种。在工业上应用较普遍、效果较好的渣选矿工艺，弃渣含铜可降至 0.3% 左右，但是它要求渣缓冷。选矿占地面积大，产出的渣精矿返回处理影响了熔炼强度，降低了铜的直收率，这对于一些场地狭窄的企业难以实现。电热贫化工艺总体说来技术未完全突破，如瓦纽科夫炉炉渣再经贫化后渣含铜可降至 0.4%～0.5%，但渣子的 Fe/SiO_2 不能太高。虽然研究者都在进行这方面的试验，但效果不甚理想，该工艺有待进一步改进。

9.1.3　氧枪枪距的优化

据报道，有效搅拌直径 D_e/W 随修正的弗劳德数 Fr'、液位深度 H 及喷嘴直径 D_e 的增加而增加，随熔池直径 D_r 和喷嘴间距 W 的增加而减少，其关系式为

$$\frac{D_e}{W} = 26.224 \left(\frac{W}{D_e} \right)^{-0.629} (Fr')^{0.122} \left(\frac{H}{D_r} \right)^{0.523} \tag{9-1}$$

由式（9-1）得到氧枪间距为 1.3m。其示意图见图 9-1。

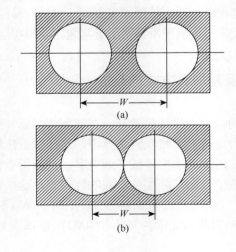

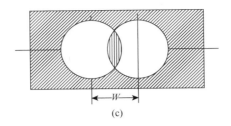

(c)

图 9-1　枪距布置试验示意图

实践表明，计算出的枪距偏大，在不影响更换氧枪和氧枪砖的条件下，应尽可能减小并使用直径较小的氧枪，这样气泡分布比较均匀，诺兰达炉的风口中心距只有 160～180mm。图 9-2 所示为 D_e 和 W 的关系，$D_e/W=1$ 时枪距合适，$D_e/W<1$ 时枪距过大，$D_e/W>1$ 时枪距过小，这是从熔体液面判断，如果从熔体中部如 $A\text{-}A$ 判断，则 $D_e/W=1$ 时间距过大。从仿真研究图像可以看出，氧枪间距要尽可能减小。

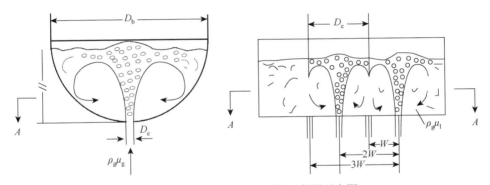

图 9-2　有效搅拌直径及喷枪距布置示意图

9.1.4　生产规模的大型化

氧气底吹熔池炼铜工艺自 2008 年 12 月投产至今 9 年有余，设计规模是年处理 38 万 t，现在实际达到年处理 50 万 t，年产 10 万 t 粗铜。由于供氧能力与烟气制酸能力的限制，不能做进一步扩大处理量的实验。2012 年方圆集团又建 1 台 5000Nm³/h 的制氧机，进一步提高了 $\phi4.4\text{m}\times16.5\text{m}$ 底吹熔炼炉的最大处理能力。2015 年 6 月，河南中原黄金冶炼厂有限责任公司年处理铜金精矿 150 万 t 项目的投产（氧气底吹炉大小为 $\phi5.8\text{m}\times30\text{m}$），进一步检验了底吹熔炼炉的大型化。

9.1.5　过程控制的数字化与可视化

有色冶金过程的控制远低于钢铁冶金，底吹炼铜投产时间短，过程控制的现代化任重道远，实行数字化智能化控制，在最佳条件下运行迫在眉睫。

9.1.6　过程机理的深入研究

铜熔炼的化学反应过程虽然早有定论，但过程中气-液-固三相的动态研究还很不够，随着计算流体力学传输理论的发展，冶金反应工程学的发展，把这些先进技术应用到氧气底吹炼铜过程可实现优化、智能化。

9.2　两步炼铜工艺

随着铜冶炼工艺的日趋完善及环保要求越来越严格，有色冶金界的专家学者都在力图寻找一种新的冶炼工艺来改善铜锍倒运等带来的环保问题，对于连续炼铜工艺的研究，也进行了很多年。目前，国内外用于工业生产的连续吹炼工艺，主要有日本研发的三菱法[2]和芬兰发明的双闪连续炼铜法[3]、诺兰达连续炼铜法等。

与以上连续炼铜工艺相比较，方圆集团自主创新的两步炼铜工艺（专利名称：一种两步炼铜法工艺及装置；专利号：CN201310292843.9）不仅解决了铜锍倒运、低空污染、产能受限等问题，而且缩短了冶炼工序，将三步炼铜变为两步炼铜，这将从节能环保、投资成本、运行成本、人员配置、劳动强度等各个方面进一步提升铜冶炼行业的整体水平。

方圆集团二期工程"年处理 150 万吨多金属矿项目"，成功运用了该新工艺，本项目已于 2015 年 10 月 23 日正式投料生产。该条生产线采用"1 台多元炉+2 台火精炉"的工艺布置，第一道工序，多元炉产出的冰铜品位达 73%以上，第二道工序，火精炉产出的铜品位达到了 99.2%以上，可直接浇铸成阳极板送往电解精炼。

两步炼铜工艺是方圆集团在一期项目"年处理多金属矿 50 万吨生产线"（"底吹熔炼—PS 转炉吹炼—火法精炼"）[4]和"方圆一步处理废杂铜生产线"的基础上，通过几年时间大胆试验和创新的成果，该工艺由方圆集团自主研发，是一项中国技术、中国工艺，属世界首创。

9.2.1　两步炼铜工艺流程简介

与传统的炼铜工艺相比，两步炼铜工艺仅需要两道工序即可产出合格的阳极板。方圆二期项目两步炼铜生产线工艺总貌如图 9-3 所示。

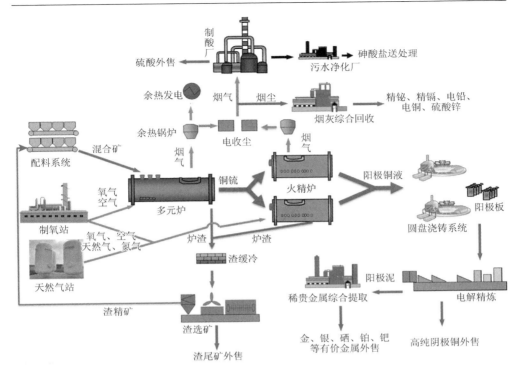

图 9-3　两步炼铜工艺总貌图

方圆集团处理的铜精矿全部来自国外。成分不一的铜精矿首先在备料厂房内按照配料要求进行抓配混合，然后与石英、渣精矿、烟尘等物料分别储存在备料仓中，根据配料单的要求进行仓式配料，通过皮带运输至多元炉上方三个加料仓中储存。根据生产需求，经计量之后冷料从多元炉加料口加入。此外，为避免冷料的长距离运输而造成皮带损伤，多元炉单独设置一套冷料提升装置，可就近直接加入冷料。

混合物料在多元炉内进行化学反应，纯氧和空气从多元炉底部和侧部供入，物料迅速完成化学反应，产出的冰铜（含铜≥73%）由虹吸口连续放出，经导锍管直接加入到火精炉内。产出的炉渣经渣口放入渣包中，用渣包车运至渣缓冷厂进行缓冷。产出的烟气经上升烟道先后进入余热锅炉、电收尘，经高温风机送往制酸。多元炉产出的高品位冰铜经过导锍管连续加入到火精炉中，两台火精炉交替作业，以满足多元炉连续放冰铜的要求。火精炉采用底部供气的方式，底部设有氧枪，根据工艺需要可实现氮气、天然气、氧气、空气四种气体的通入与切换。当火精炉进料满足供风要求后，可转入供风作业。炉渣从放渣口排出，经渣包运出。在接近造铜期终点时，通过精确控制气体流量或切换氮气/天然气等操作，使得铜溶液品位达到 99.21%左右，满足阳极板浇铸要求，之后通过放铜口直接放入圆盘定量浇铸机中进行浇铸。

两步炼铜工艺布局如图 9-4、图 9-5 所示。

图 9-4　两步炼铜工艺主体设备连接图

1-多元炉；2-火精炉；3-圆盘浇铸机

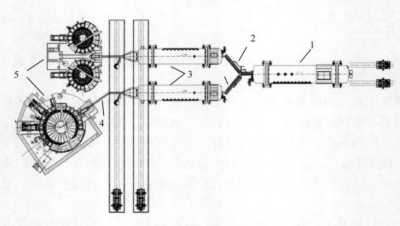

图 9-5　方圆两步炼铜工艺布局示意图

1-多元炉；2，4-溜槽；3-火精炉；5-圆盘浇铸机

9.2.2　主要工艺配置及技术指标

1. 熔炼系统

两步炼铜工艺的熔炼系统采用一台多元炉，该炉体尺寸为 $\phi 5.5m \times 28.8m$，底部设有 23 支氧枪，呈双排布置，靠近放渣端炉体侧部设有侧枪。氧枪采用特殊结

构设计，分内外多层，内层通纯氧，外层通空气，外层空气可以起到保护氧枪的作用。渣口位于多元炉端墙，为满足放渣及渣包倒运要求，设有两个放渣口，炉渣采用 12m³ 的渣包运输，缓冷后送渣浮选工序处理。

多元炉的烟道口设有两个，分别位于放渣端、放铜端炉体上部。多元炉采用虹吸放铜的方式，冰铜连续从放冰铜口放出，通过导锍管直接加入到火精炉中。火精炉与多元炉之间采用保温效果好、不黏结的特殊材料构成的密闭导锍管连接，导锍管可以有效地避免烟气低空污染。

多元炉炉体结构如图 9-6 所示。

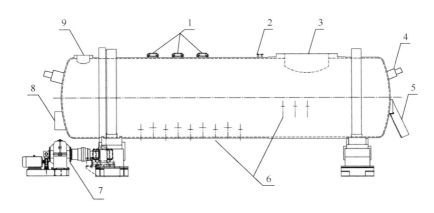

图 9-6　多元炉炉体结构示意图

1-加料口；2-测温孔及测液位孔；3-烟道口；4-燃烧器；5-放渣口；6-氧枪；7-传动装置；8-放铜口；9-第二烟道

经过一年半的生产实践，该工艺流程畅通，多元炉的各项操作参数基本稳定，部分指标已达到设计值。目前，多元炉加料量最高达到 207t 综合矿料/h，由于氧气站氧气供应能力有限，送氧量仅能达到 25668m³/h，送风量 13706m³/h。目前，多元炉生产操作的主要指标如表 9-1 所示。

2. 吹炼精炼系统

多元炉产出的品位 73% 左右的冰铜，经过导锍管连续加入到火精炉中。该工艺需配套两台火精炉，火精炉为卧式转动炉，尺寸为 $\phi 4.8m \times 23m$。两台火精炉与一台多元炉呈"品"字形布置，两台火精炉交替作业。火精炉采用底部和侧部供气方式，布有 17 支枪，双排布置，枪采用特殊结构设计，根据工艺要求可实现四种气体的通入、切换，外层通入氮气/天然气，内层通入氧气/空气，气体的流量、比例都可通过计算机精准控制。

表 9-1 主要经济技术指标

项目	单位	实际值
精矿处理量	t/h	158~170
配煤率	%	0
渣型 Fe/SiO$_2$	—	1.7~2.0
渣含铜	%	1.9~3.0
炉温	℃	1180
烟尘率	%	1.7~2.0
氧浓	%	72~75
铜锍品位	%	73~75
烟气量	m^3/h	58720

火精炉的热料加入口位于炉体端墙中心部。另外，炉体顶部设有一台冷料加料口。炉体另外一端是放铜口，烟道口位于炉体上部，靠近热料进料端。放渣口位于筒体侧部，靠近放铜端，根据生产周期可转动炉体进行放渣操作。

由于多元炉产出的冰铜采用连续放出的形式，所以两台火精炉交替作业，以实现整个冶炼过程的连续性。两台多元炉作业周期如图 9-7 所示。

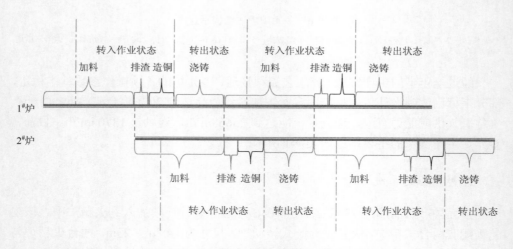

图 9-7 火精炉作业周期示意图

以 1$^#$炉为例，上一炉次浇铸作业完成之后，开始进入冰铜，此时，炉体处于转出状态，待炉内熔体液位达到供风要求后，氧枪开始供风并将炉体转入正常生产位，待炉内熔体液位达到排渣位时，停止进料（此时，多元炉产出的冰铜改道进入 2#炉）。1#炉继续吹炼，待造渣完成后，转动炉体进行排渣作业。待接近造铜终点时，通过取样化验判断铜液情况，并适时调整氧气、空气、氮气、天然气四种气体的送入量，使铜液达到阳极铜成分要求。之后将炉体转出，开铜眼进行浇铸作业，根据浇铸温度，可以适当开启天然气进行保温。浇铸完成之后，开始下炉次作业。

经过生产实践，多元炉产出的冰铜品位在 73%以上，甚至更高，使得火精炉内产出的渣量较少，可以根据渣量积攒多炉次后一并排出，减少了工作量。目前，产出的阳极铜品位一般都能达到 99.21%左右。通过放铜口可直接放入定量浇铸机中进行浇铸作业。阳极铜成分满足电解精炼要求，具体见表 9-2。

表 9-2　阳极铜成分（%）

Cu	Fe	S	O	As	Zn	Sb	Pb	Ni	Bi
99.32	0.002	0.006	0.18	0.006	0.011	0.009	0.08	0.041	<0.001
99.24	0.004	0.017	0.13	0.002	0.013	0.008	0.11	0.084	0.001
99.21	0.003	0.021	0.15	0.005	0.008	0.007	0.06	0.058	<0.001
99.07	0.003	0.014	0.14	0.05	0.002	0.012	0.09	0.047	<0.001
99.16	0.002	0.009	0.17	0.05	0.003	0.015	0.05	0.054	<0.001

目前，火精炉生产操作的主要指标如表 9-3 所示。

表 9-3　主要经济技术指标

项目	单位	数值
加料量（不包括冷料）	t/h	53～57
冰铜品位	%	73～75
氧浓	%	21～35
渣含铜	%	8～10

9.2.3　两步炼铜工艺的技术优势

两步炼铜工艺在世界上首次将传统的三步炼铜工艺缩短为两步完成，其工艺具有以下技术优势：

（1）流程短，铜精矿到阳极铜生产流程从三步缩短到两步，直接浇铸阳极板，设备配置紧凑，简单高效。

（2）环保好，火精炉氧浓高、密封好；多元炉与火精炉用导锍管密封连接，避免 SO_2 烟气低空逸散。

（3）节能高效，阳极板生产由三步缩短至两步，取消精炼环节，能耗降低。

（4）吹炼渣量少，多元炉产出冰铜品位高，火精炉渣量很少，缓解了吹炼渣处理的压力。

（5）投资省，减少精炼炉、行吊、包子等设备及配套装置投资，投资比传统工艺省 10%～15%。

（6）运营成本低，综合能耗低，人员配备少，比行业先进值节省 20%。

9.2.4　两步炼铜工艺改进方向

两步炼铜工艺经过一年半生产运行，已经达到设计要求，但在许多方面仍须做出改进。

（1）多元炉的处理能力进一步提高，并对导锍管、导渣管、第二烟道、氧枪结构及布局等改进和优化。

（2）实现火精炉与多元炉产能的协调匹配，并对火精炉放铜口、氧枪布局等进行优化。

（3）改进渣处理工艺，建设炼渣炉，取代现有的渣选矿工艺。

两步炼铜工艺投产之初便达到了良好的效果，我们相信，经过进一步的生产摸索和不断完善，随着各个工序之间的磨合及员工经验的积累，该工艺的各项指标必将得到进一步提升。

9.3　自主开发，完善两步炼铜配套技术体系

随着方圆集团两步炼铜工艺的发展进步，该公司将不断加大研发投入，形成从铜冶炼、冶炼渣资源化利用、高纯阴极铜及贵金属生产，到污酸处理及危险废物处理为一体的两步炼铜技术体系。

9.3.1　有色危险废物综合处理技术

铜冶炼过程中产生铜冶炼烟灰、阳极泥、硫化渣等有色危险废物，其中含有大量的有价金属元素，具有较高的经济价值。根据物料的存在状态及元素含量，方圆集团设计了一整套有效的回收其中有价金属元素的工艺，解决了危险废物排放问题，同时实现了多元素的综合回收利用。该工艺采用湿法处理烟灰和硫化渣，改常压浸出为高压浸出，摒弃传统的硫化渣工艺，采用先进的 SO_2 还原法回收砷

的工艺生产 As_2O_3，利用沉淀法将硫化渣中的 As 转化进入溶液，从而使溶液中的铜以 CuS 的形式沉淀处理。采用火法工艺处理烟灰浸出的铅银铋渣，经过底吹还原熔炼、电解回收铅，经过精炼回收铋和金银富集物。目前，公司运用该工艺，烟灰和硫化渣年处理量约为 5 万 t。铜阳极泥采用全湿法流程，经过高压浸出、铅转化、分铅、沉铅、分金、金还原、分银、银还原、锡锑浸出等工序得到硫酸铅、金、银及锡锑精矿、精硒等产品。目前，公司正采用该技术建设年处理 3 万 t 阳极泥项目。

9.3.2　5N 高纯铜生产技术

目前，制作高纯铜的方法主要为区域熔炼法和电解精炼法。区域熔炼法采用火法物理熔炼设备，设备复杂且操作要求较高，需要费用较高，不适合量产。电解精炼法分为硝酸体系和硫酸体系两种精炼方法，方圆集团采用硫酸体系电解精炼生产工艺，结合生产实际，对现有电解阴极铜技术进行升级改造，经过多次研究和试验，成功地生产出了合格的 5N（99.999%）级铜。方圆集团 5N 高纯铜硫酸体系电解生产工艺与区域熔炼工艺和硝酸体系电解工艺相比较，具有生产成本低、投资少、工艺安全环保且易于规模化生产等优势。目前，方圆集团采用该技术正在开展中试放大实验。

9.3.3　大絮流高效电解技术

方圆集团一直以来采用传统的始极片工艺制作阴极铜，对其有着深入的研究和生产经验的积累。公司在充分利用传统工艺的同时，对其进行了深入的研发、试验，开发出了一套新型的大絮流高效电解自净化技术工艺，该工艺电流密度可在 $260 \sim 418A/m^2$ 范围内进行电解生产，采用该技术建设的 30 万 t/a 阴极铜项目已于 2015 年全面投产。

大絮流高效电解技术与传统的生产阴极铜工艺相比具备如下优势：

（1）通过对始极片工艺的优化，使阴极板平直度明显提升，槽面排查短路工作量减少。

（2）高效电解工艺的电流密度最高可达 $418A/m^2$，高于传统工艺的正常电流密度，提高单槽产能、加快金属周转，具有投资少、生产成本低的优势。

（3）高效电解工艺阴极周期最长为 5 天，比传统的 7 天快，每吨铜节省 $30 \sim 40$ 元，缩短了资金的占用周期。

（4）与目前的阴极铜生产工艺相比较，可节省投资约 30%。

9.3.4 电解液自净化技术

在高杂铜阳极板电解过程的电解液中，铋、锑等杂质浓度超标，目前处理工艺有一次电积脱铜（产生阴极铜）和二次电积脱砷、铋、锑（以黑铜粉的形式脱除）。传统上黑铜粉处理方式为返回精炼或熔炼，但是杂质没有实现开路，一直在系统内堆积循环，最终影响正常生产。方圆集团研发的电解液自净化技术，通过加入专用的添加剂调整电解液的成分，使电解液中的杂质（如砷、锑、铋等）进入阳极泥中，有助于锑、铋等有价元素的回收。该技术电解液的净化处理量可以比正常工艺减少 50%～90%，显著节省净液过程的能源消耗和污染排放。新技术产生的阴极铜中铋含量小于 0.002%，锑小于 0.004%，保证了阴极铜的质量，富集了铋、锑。方圆集团使用该技术，阳极泥的铋含量达到了 5%，年回收 250t 铋，产生 1812.5 万元经济效益。目前，该技术已在 30 万 t/a 阴极铜项目中得到成功应用。

该工艺不但从根本上改变了传统电解净化工艺，降低了铜阳极板火法精炼成本，而且使铜电解过程更加节能、降耗，铋、锑等有价金属资源富集到阳极泥中并得以回收，是铜电解精炼行业的又一次较大技术革新。

9.3.5 重金属冶炼烟气净化中污酸处理技术

目前，现有的污酸处理技术普遍存在工艺流程较长、投资较大、占地面积较广的劣势，多数冶炼企业最终选择将中水达标外排，未将污酸资源化处理。方圆集团研发的重金属冶炼烟气净化中污酸处理技术成功利用了余热所产热风将污酸中 F、Cl 等杂质高效脱除，最终将污酸制成合格的工业硫酸，提高了硫的利用率，同时该技术杜绝劣质石膏渣的产生，减排中水，整体技术达国际领先水平。目前，方圆集团运用该技术处理污酸的规模为 $980m^3/d$。

9.3.6 废杂铜一步冶炼技术

为了解决当前铜火法精炼工艺中存在的能耗高、污染重、产量低等问题，方圆集团研发了废杂铜一步冶炼技术。该技术结合回转式阳极炉和氧气底吹炉的优点，采用底吹浸没式燃烧，以天然气为燃料，富氧或纯氧为助燃剂，处理平均渣含铜 85% 以上的高品位铜料。该工艺具有传热快、热量利用率高、能耗低、烟气回收率高、环境污染小、直收率高、劳动强度小等优势。目前，方圆集团运用该技术建设的有色金属再生铜资源综合回收利用项目年处理废杂铜 30 万 t。

9.3.7 降低炼铜弃渣含铜技术

方圆集团与澳大利亚昆士兰大学合作开展国家合作专项"降低炼铜弃渣含铜技术与装置的研发",研发了降低炼铜弃渣含铜技术。该技术采用底吹浸没式燃烧工艺处理铜冶炼渣,有效提高铜回收率,降低弃渣含铜品位,突破弃渣平均含铜0.6%的瓶颈,使熔炼渣弃渣含铜降至0.3%以下。目前,方圆集团采用该技术建成年处理40万t铜冶炼渣生产线。

两步炼铜工艺作为一项新的铜冶炼工艺,我们将通过研究开发不断完善其技术体系。届时,两步炼铜工艺及其配套技术必将改变世界铜冶炼的格局。

参 考 文 献

[1] 山东东营方圆有色金属有限公司,中国恩菲工程技术有限公司. 氧气底吹熔炼多金属捕集技术的产业化实践[J]. 资源再生, 2009,(11):46-49.

[2] 赵玉敏. 三菱法在直岛冶炼厂的应用[J]. 有色矿冶, 1996,(6):23-30.

[3] 姚素萍. "双闪"铜冶炼工艺在中国的优化和改进[J]. 有色金属(冶炼部分), 2008,(6):9-11.

[4] 崔志祥,申殿邦,王智,等. 高富氧底吹熔池炼铜的理论与实践[J]. 中国有色冶金(A卷生产实践篇·重金属), 2010, 39(6):21-26.